高职高专计算机类课程改革系列教材

# 多媒体技术与应用基础

主　编　陈　梅　马　宁

副主编　李占岭　菊　花

参　编　张维化　杨　静

主　审　包海山

U0256067

机 械 工 业 出 版 社

本书作为以学习应用技术为目标的职业基础能力课程教材，主要针对多媒体技术相关知识和常用多媒体软件的操作技能进行问题分解式介绍。在编写模式上，采用目标任务驱动式教学法。全书主要由多媒体技术基础、常用多媒体软件应用和多媒体作品制作3部分组成，涉及多媒体技术的基本概念及常用多媒体工具的应用方法。全书分为6个模块，内容包括走进多媒体世界、多媒体音频技术、多媒体图像技术、多媒体视频和动画制作技术、多媒体网页设计与制作以及多媒体综合作品的设计与制作。

　　本书内容新颖、结构清晰、图文并茂、实用性强，适合作为高职高专院校计算机及其他各相关专业的多媒体技术课程教材，也可供从事多媒体应用的相关技术人员、计算机爱好者参考。

　　为方便教学，本书配备电子课件等教学资源。凡选用本书作为教材的教师均可登录机械工业出版社教材服务网 www.cmpedu.com 免费下载。如有问题请致信 cmpgaozhi@sina.com，或致电 010-88379375 联系营销人员。

## 图书在版编目（CIP）数据

多媒体技术与应用基础/陈梅，马宁主编. —北京：机械工业出版社，2010.8（2024.1 重印）

高职高专计算机类课程改革系列教材

ISBN 978-7-111-31318-2

Ⅰ. ①多… Ⅱ. ①陈…②马… Ⅲ. ①多媒体技术－高等学校：技术学校－教材 Ⅳ. ①TP37

中国版本图书馆 CIP 数据核字（2010）第 134852 号

机械工业出版社（北京市百万庄大街22号　邮政编码100037）

策划编辑：王玉鑫　责任编辑：刘子峰　责任校对：常天培

封面设计：王伟光　责任印制：刘　媛

涿州市般润文化传播有限公司印刷

2024 年 1 月第 1 版第 13 次印刷

184mm×260mm · 14 印张 · 343 千字

标准书号：ISBN 978-7-111-31318-2

定价：34.80 元

电话服务　　　　　　　　　网络服务

客服电话：010-88361066　　机 工 官 网：www.cmpbook.com

　　　　　010-88379833　　机 工 官 博：weibo.com/cmp1952

　　　　　010-68326294　　金 书 网：www.golden-book.com

**封底无防伪标均为盗版**　机工教育服务网：www.cmpedu.com

# 高职高专计算机类课程改革系列教材
## 编委会名单

主　　任　包海山　陈　梅

副　主　任　顾艳林　马　宁　那日松　艾　华　包乌格德勒

　　　　　　恩和门德　金来全　李占岭　刘春艳　王瑾瑜

委　　员　（按姓氏笔画排序）

　　　　　　马丽洁　马鹏烜　王　飞　王应时　王晓静

　　　　　　王素苹　王　鑫　付　岩　冉　明　包东生

　　　　　　田　军　田保军　白青山　刘树忠　刘　静

　　　　　　孙志芬　色登丹巴　吴宏波　吴和群　张利桃

　　　　　　张秀梅　张　芹　张维化　张惠娟　李友东

　　　　　　李亚嘉　李建锋　李　娜　李　娟　李海军

　　　　　　杨东霞　杨　静　迎　梅　陈瑞芳　孟繁华

　　　　　　孟繁军　哈申花　胡姝璠　郝俊寿　殷文辉

　　　　　　崔　娜　菊　花　萨日娜　塔林夫　彭殿波

　　　　　　董建斌　蒙　君

项目总策划　包海山　陈　梅　王玉鑫

编委会办公室

　　　主　任　卜范玉

　　　副主任　王春红　郭喜聪

# 序

随着信息技术的发展，信息能力和传统的"读、写、算"能力正在一起成为现代社会中每一个人的基本生存能力。作为高等学校的学生，不仅要具备一般的信息能力，更应该具备较高的信息素养。因此，计算机类课程的改革一直是高等学校关注和研究的重点。

由包海山、陈梅策划并组织多所高等院校及高职高专院校编写的"高职高专计算机类课程改革系列教材"，是根据面向21世纪培养高技能人才的需求，结合高职高专学生的学习特点，依据职业教育培养目标的要求，严格按照教育部提出的高职高专教育"以应用为目的，以必需、够用为度"的原则而设计、开发的系列教材。这套教材包括了信息技术公共基础课程、计算机专业基础课程和专业主干课程三部分内容，从高职高专的实际需求出发，重新整合了相关理论，突出了应用性和操作性，加强了能力的培养。

教材采用的"模块化设计、任务驱动学习"编写方式，对高等学校教材是一种新的尝试。实现任务驱动学习的关键是"任务"的设计，它必须是社会实际生产、生活中的一个真实问题，而不是为了验证理论而假设的虚拟事件。为了解决这个真实的问题，需要把它分解成一系列的"子任务"；每一个子任务的解决过程就是一个模块的学习过程。每个模块学习一组概念、锻炼一种技能；全部模块加起来，即完成一种知识的学习，形成一种相应的能力。任务驱动学习有利于学生从整体意义上理解每一个工作任务，掌握相关的知识和技能，形成解决实际问题的能力，提高学生的学习兴趣，是信息技术类课程有效的教学方式。

教材中每个模块安排的导读和要点提示了要解决的问题，并用思维导图的形式给出了知识、技能和任务的分类和构成；知识导读部分体现了本模块需要学习的理论知识；子任务的划分安排了完成本模块总任务的各个步骤。利用模块最后的学材小结，学生可以自我检测对"理论知识"和"实训任务"掌握的程度；拓展练习可以为学有余力的学生提供个性化发展的方向。

参加本系列教材编撰工作的人员都是长期从事高职高专计算机教育和教学研究的专家和骨干教师，对高职高专的培养目标、学生的学习特点、计算机类课程的教学规律有着深刻的了解。我相信，本套教材的出版会对高职高专的计算机类课程的教学改革起到促进作用，对高职高专教学质量的提高将会产生显著的影响。

中国教育技术协会学术委员会委员

内蒙古师范大学现代教育技术研究所所长

2008年12月

# 前　言

多媒体技术因其应用面广、涉及技术领域宽泛等特点，迅速在人们的工作、生活中普及，并成为很多从业人员必须了解、掌握的一种基本应用技术。为适应社会的需求，目前很多高职高专院校除了计算机专业开设多媒体技术课程外，其他各专业也都增设了相关课程，以便学生掌握较为实用的多媒体技术应用技能。

"多媒体技术与应用"在高职高专计算机信息类专业的课程体系中属于职业基础能力层面，是学生学习多媒体基本知识、图形图像处理软件、音视频动画软件以及多媒体网页制作软件、综合性多媒体作品制作等信息类职业方向各种技能课程的基础，同时又是国家计算机等级考试大纲涵盖的必备理论知识和操作技能的主要组成部分。

本书作为以学习应用技术为目标的职业基础能力课程教材，主要针对多媒体技术相关知识和常用多媒体软件的操作技能进行问题分解式介绍。在编写模式上，采用目标任务驱动式教学法，让学生结合实际任务进行主动学习和实训。全书主要由多媒体技术基础、常用多媒体软件应用和多媒体作品制作3部分组成，涉及多媒体技术的基本概念及常用多媒体工具的应用方法。全书分为6个模块，内容包括走进多媒体世界、多媒体音频技术、多媒体图像技术、多媒体视频和动画制作技术、多媒体网页设计与制作以及多媒体综合作品的设计与制作。每个模块又分解为若干个相对独立的学习/实训任务以及细化的多个子任务，最后对每个子任务中的每个操作步骤进行逐步介绍。对于各个任务中涉及的知识点进行适时适量讲解，将抽象的理论知识融入到实践活动中加以演绎和关联，力求达到高职高专教学目标。为强化教学内容，在每个模块后面采用学材小结、拓展练习等方式，帮助学生在课堂内外对教学内容进行强化训练，深化理解。

本书由陈梅、马宁担任主编，李占岭、菊花担任副主编。参加编写的教师及编写分工如下：马宁（内蒙古财经学院）编写模块1；张维化（内蒙古财经学院）编写模块2；杨静（内蒙古财经学院）编写模块3；菊花（内蒙古师范大学）编写模块4；陈梅（内蒙古师范大学）编写模块5；李占岭（内蒙古电子职业技术学院）编写模块6。本书由包海山（内蒙古财经学院）担任主审，负责审阅全稿，并对书中内容提出了修改意见和合理化建议。

在本系列教材的策划、组织、编写和出版过程中，编委会得到中国教育技术协会学术委员会委员李龙教授的指导和帮助，他在百忙中为本系列教材作了序。在编写过程中，本书参考和引用了许多著作和网站内容，除非确因无法查证出处的以外，均在参考文献中进

前言

行了列示。在此，我们一并表示衷心的感谢。

由于多媒体技术应用日新月异，新概念、新技术、新方法层出不穷，再加上本系列教材旨在探索全新的教学模式和教材内容组织方法，因此加大了策划及编写的难度。由于编者水平有限，在内容整合、项目的衔接性方面难免存在缺陷或不当之处，敬请读者批评指正，以便我们再版时进行修订补充，使之日臻完善。

编 者

# 教学导论

为了更好地促进高职高专院校计算机类课程的教学改革，"高职高专计算机类课程改革系列教材"编委会组织多所大学、高职高专院校从事计算机教研、身处教学第一线的专家和骨干教师，在认真分析和探讨教育部对高职高专各专业学生的培养目标、国家计算机等级考试和职业技能鉴定要求的基础上，策划了"高职高专计算机类课程改革系列教材"。同时，编委会向中国教育技术协会申报了"国家社会科学基金'十一五'规划（教育学科）国家级课题——信息技术环境下多元学与教方式有效融入日常教学的研究"的子课题"高职高专计算机类课程改革的研究"，目前课题研究正在进行中。本课题立项研究面向信息技术职业领域不同岗位层次如何有效融合高职高专计算机信息类专业设置、课程体系构建、教学模式改革和教材课件开发等多层次的教学设计基本理论和实现方法。通过系统研究，总结和提炼课题组成员以及有关专家学者已经取得的相关成果，探索高职高专计算机类专业课程标准建设的新思路，提出系统地进行高职高专计算机类课程改革的新方法，开发建设具有鲜明高职高专特色的系列教材和课件，旨在为我国高职高专计算机信息类专业设置、课程和教学改革、教材课件建设探索出一条坦途。

"多媒体技术与应用"在高职高专计算机信息类专业的课程体系中属于职业基础能力层面，是学生学习多媒体基本知识、图形图像处理软件、音视频动画软件以及多媒体网页制作软件、综合性多媒体作品制作等信息类职业方向各种技能课程的基础，同时又是国家计算机等级考试大纲涵盖的必备理论知识和操作技能的主要组成部分。因此，在高职高专计算机信息类各专业课程体系中，本课程作为多门岗位能力层面课程（课程群）的前导课程而起着非常重要的作用，如图0-1所示。

为了更好地学习掌握本课程及教材介绍的知识和技能，需要计算机应用基础以及计算机网络基础等基础知识和基本技能的基础课程作为前导课程。

在高职高专教育层次，"多媒体技术与应用"课程一直没有一个大家都能够接受的标准，主要原因是多媒体技术涵盖的内容不断丰富，网络信息化技术发展又非常迅速，这些不确定因素给课程标准的制定带来一定的困难。通过立项研究，我们认为，以基础知识学习和基本技能实训并举作为课程标准的依据，在制定课程标准、开发教材课件以及课堂教学设计中应充分体现本课程的"通用性"、"基础性"和"职业性"特色。

因此，本书在兼顾"国家三级网络技术考试"大纲、国家职业技能鉴定标准的同时，将围绕多媒体技术的基本知识、常用音视频多媒体软件应用的基本技能等核心内容组织编写。本书各模块内容及要点如图0-2所示。

鉴于目前信息化应用对IT行业应用型人才"技能＋知识"结构的需求，多媒体技术

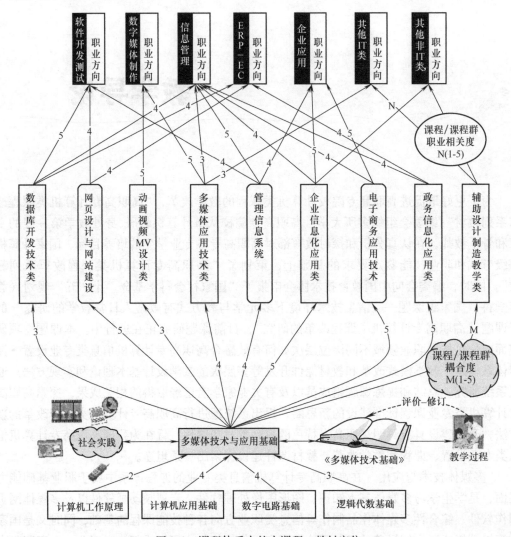

图 0-1　课程体系中的本课程、教材定位

对于计算机应用、网络工程、信息管理、软件开发甚至数字媒体技术等计算机信息类各相关职业岗位方向的高职高专学生来说都是不可或缺的职业技能和理论基础，但各类职业方向所需的技能和知识侧重面有所不同。因此，在制定多媒体技术课程的教学目标、内容和课时数时应充分考虑其基础性、应用性、职业性和工程性特点。本书作为多媒体技术基础课程教材，针对高职高专计算机信息类各职业方向的教学目标和国家高新技术职业技能鉴定中多媒体技术模块鉴定大纲，在教学内容的编排、课时数的设计上遵循"面向教学目标，基于教学大纲并宽于教学大纲"原则，递进式地划分为三段教学目标，并在各段所辖教学内容的模块、任务、子任务设计中以掌握预备知识和基本技能为主线，以熟悉关键知识和高级应用配置技能为辅线，便于教师在制订教学计划、实施教学过程中灵活把握本教材内涵和外延的尺度，适应各职业方向的教学、鉴定和考试需要。

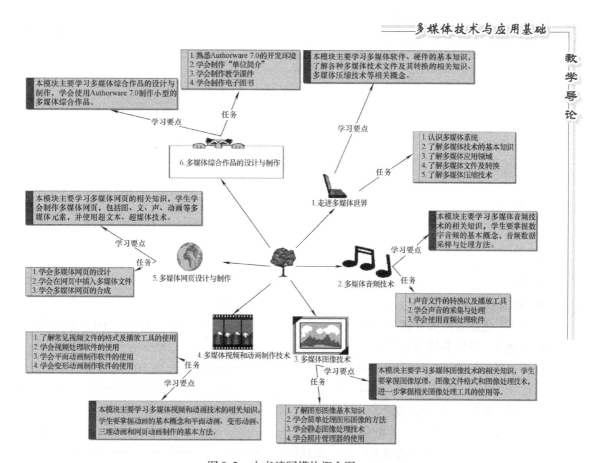

图 0-2　本书编写模块概念图

# 目 录

# 模块 1

走进多媒体世界

## 本模块导读

多媒体技术的不断发展和广泛应用，使得我们的生活变得更加丰富多彩。

通过本模块的学习，学生应该了解多媒体系统的基本概念；掌握多媒体技术的基本知识，包括音频技术、视频技术、虚拟现实技术、压缩编码技术等；知道多媒体技术的常用领域，如多媒体教学、虚拟现实技术；了解多媒体文件及转换，包括音视频文件的转换；了解多媒体压缩技术，包括 JPEG 压缩编码技术、MPEG 压缩编码技术等。

通过本模块的学习，应该重点掌握不同格式的音频文件的转换；学会如何采集声音文件，如何将模拟信号变成数字信号；学会使用音频软件处理声音文件。

## 本模块要点

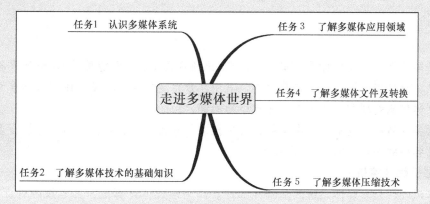

任务1　认识多媒体系统

任务3　了解多媒体应用领域

走进多媒体世界

任务4　了解多媒体文件及转换

任务2　了解多媒体技术的基础知识

任务5　了解多媒体压缩技术

# 任务1 认识多媒体系统

**信息卡**

"多媒体"一词译自英文"Multimedia"，它由 multi 和 media 两部分组成，一般理解为多种媒体的综合。

媒体（Media）就是人与人之间实现信息交流的中介，简单地说，就是信息的载体，也称为媒介。多媒体就是多重媒体的意思，可以理解为直接作用于人感官的文字、图形、图像、动画、声音和视频等各种媒体的统称，即多种信息载体的表现形式和传递方式。

## 子任务1 了解多媒体技术的基本概念

**知识导读**

所谓多媒体技术，是指计算机对文字、声音、图形、图像、动画和活动影像等多种信息媒体进行数字化处理的技术，包括采集、处理、编辑、存储、展示和传输等。

在多媒体技术出现之前，计算机所能处理的信息往往仅限于文字和数字，只能算是计算机应用的初级阶段，人机之间的交互主要通过键盘和显示器，因此交流信息的途径缺乏多样性。

自 20 世纪 90 年代起，计算机应用技术，特别是计算机多媒体技术的理论和应用有了巨大的突破性进展。这主要包括三个方面，一是计算机多媒体信息处理的研究成果实用化；二是各种多媒体信息处理设备的出现以及计算机硬件性能的大幅提升能够满足多媒体信息处理的要求；三是计算机网络的高速发展以及网络多媒体应用技术的不断进步。从此，计算机的应用与多媒体技术密不可分，多媒体计算机能够集声、文、图、像处理于一体，计算机应用真正进入了多媒体时代。

## 子任务2 了解多媒体硬件系统

**知识导读**

多媒体硬件系统包括计算机硬件、声音/视频处理器、多种媒体输入/输出设备及信号转换装置、通信传输设备及接口装置等。其中，最重要的是根据多媒体技术标准而研制生产的多媒体信息处理芯片和板卡、光盘驱动器等。

根据多媒体硬件设备的基本功能，可以把它们分为三大类：多媒体计算机、多媒体板卡和各式各样的多媒体输入/输出设备。

**1. 多媒体计算机**

计算机硬件是多媒体系统的基础性部件。作为多媒体计算机，其常规硬件，如 CPU、内存、外存和扩展槽等的配置，应当能够满足多媒体信息处理的要求：

1）至少有一个功能强大、速度快的中央处理器（CPU）。例如，Intel Pentium 4

2.8GHz 中央处理器（L2 缓存为 1MB）就可以满足专业级水准的各种媒体制作与播放要求。如果选择双核或是多核的新一代处理器，如 Intel Core 2 Quad Q6600 2.4GHz 四核处理器，对于经常处理视频压缩等多任务的多媒体制作用户来说无疑是更好的选择。

2）512MB 以上的内存储器（RAM）。

3）容量尽可能大的外存储器。例如，目前可采用性价比较高的 250GB 容量的硬盘。此外，可刻录的光驱也是不可缺少的。

4）主板上的扩展槽的种类和数量也必须能满足多媒体功能扩展的要求。有多种类型和足够数量的扩展插槽就意味着今后有足够的可升级性和设备扩展性，反之则会碰到巨大的障碍。

### 信息卡

自 2009 年 4 月 14 日起，微软（Microsoft）公司停止对 Windows XP 的技术支持。这标志着 Windows 系列操作系统进入了 Vista 时代。

要正常运行 Windows Vista 操作系统，官方推荐配置：1GHz 主频 32 位或 64 位 CPU、1GB 可用物理内存、15GB 硬盘剩余空间、支持 DirectX 9.0 及 Pixel Shader 2.0 并支持 WDDM 技术的 128MB 显卡、DVD 驱动器及 Internet 连接。

而要在 Vista 系统上完成多媒体信息处理工作，多数使用者推荐配置 1.5GHz 及以上主频 32 位或者 64 位多核 CPU、2GB 及以上可用物理内存、20GB 及以上硬盘剩余空间，其余配置根据使用情况和需求而定，满足此条件的多媒体计算机运行 Vista 才能做到真正意义上的流畅运行。

**2. 多媒体板卡**

根据多媒体技术标准而研制生成的多媒体信息处理芯片和板卡是多媒体硬件系统的特征部件，是多媒体系统应用程序处理声音、视频信号必不可少的关键设备。常用的多媒体板卡有显卡、声卡和视频卡等。

（1）显卡　显卡（Graphics Card）又称为显示适配器（Display Adapter），是多媒体计算机最基本的组成部分之一，如图 1-1 所示。显卡的用途是将计算机系统输出的数字信号转换为显示器所需要的行扫描信号，并驱动和控制显示器的正确显示，是连接显示器和计算机主板的重要元件。目前民用显卡图形芯片供应商主要包括 ATI 和 nVIDIA 两家。

早期的显卡只是单纯意义上的显示卡，只起到信号转换的作用；目前一般使用的显卡都带有 3D 画面运算和图形加速功能，所以也称做"图形加速卡"或"3D 加速卡"。显卡是插在主板上的扩展槽里的（现在一般使用 PCI-E 或 AGP 插槽）。

（2）声卡　声卡（Sound Card）的种类很多，目前市场上有上百种不同型号和不同性能的声卡。选购声卡要注意的关键指标是采样频率和采样值的编码位数。采样频率是单位时间内的采样次数。根据信号处理理论，语音信号的采样频率应在 44kHz 以上。较高的采样频率能获得较好的声音还原，较低的采样频率会使还原的声音产生失真。采样值的编码位数是记录每次采样值使用的二进制编码位数，该参数直接影响还原声音的质量。当前声卡有 8 位、16 位和 32 位 3 种，以 16 位声卡为主。声卡的采样值编码位数越长，声音还原的质量越好。

（3）视频卡　视频卡（Video Capture Card）通过插入主板扩展槽中与主机相连，通过卡上的输入/输出接口可以与录像机、摄像机、影碟机和电视机等连接，使之能采集来自这些设备的模拟信号，并以数字化的形式存入计算机中进行编辑或处理，也可以在计算机中重新播放。常见的视频卡有以下几种：

1）VCD 解压卡。VCD 解压卡也叫电影卡，是 MPEG 解压缩卡的俗称，是用于在计算机上播放 VCD 电影节目的硬件接口卡。

2）电视转换卡。电视转换卡的功能是把计算机显示器的 VGA 信号转换为标准视频信号，在电视机上观看计算机显示器上的画面，或把它通过录像机录制到录像带上，其输出方式有 PAL 和 NTSC 两种制式。

**3. 多媒体输入/输出设备**

（1）显示器　液晶显示器（LCD）是目前使用最为广泛的多媒体计算机输出设备，其结构是在两片平行的玻璃中间放置液态的晶体及许多垂直和水平的细小电线，利用通电与否来控制杆状水晶分子改变方向，从而将光线折射出来产生画面。LCD 的外观如图 1-2 所示。

图1-1　显卡　　　　　　　　　　图1-2　液晶显示器

（2）触摸屏　触摸屏是一种坐标定位装置，用手触摸显示器上显示的菜单或按钮时，实际上触摸的是触摸检测装置，该装置将触摸位置的坐标数据通过通信接口传送给计算机，以做出相应的响应。触摸屏按照技术原理可以分为电阻式触摸屏、电容式触摸屏、红外线触摸屏、表面声波触摸屏等。触摸屏外观如图 1-3 所示。

（3）扫描仪　扫描仪（Scanner）是一种捕捉图像并将其转化为计算机可以显示、编辑、储存和输出的格式的数字化输入设备，如图 1-4 所示。它是将各种形式的图像信息输入计算机的重要工具，是继键盘和鼠标之后的第三代计算机输入设备。人们通常将扫描仪用于计算机图像的输入，从最直接的图片、照片、胶片到各类图样以及各类文稿都可以通过扫描仪输入到计算机中，进而实现对这些图像形式的信息的处理、管理、使用、存储及输出等操作。

图1-3　采用了触摸屏的 MP4 播放器　　　　　图1-4　扫描仪

（4）数码照相机　数码照相机是一种数字成像设备，如图 1-5 所示。在制作多媒体产品时，数码照相机是输入设备，可以方便地摄取数字图片供用户使用。数码照相机的分类方法很多，按照所采用的图像传感器分类，数码照相机可分为线阵 CCD（电荷耦合元件）相机、面阵 CCD 相机和 CMOS（互补金属氧化物半导体）相机；按照价格可分为低档相机、中档相机和高档相机；按照使用对象可分为家用型相机、商用型相机和专业型相机；按照机身结构可分为单反相机、简易型相机和长焦相机。

（5）数字摄像头　数字摄像头又称为网络摄像机（Web-camera），是一种新型的多媒体计算机外部输入设备，如图 1-6 所示。摄像头的工作原理大致为：景物通过镜头（LENS）生成的光学图像投射到图像传感器表面上，然后转为电信号，经过模/数（A/D）转换后变为数字图像信号，再送到数字信号处理芯片（DSP）中加工处理，再通过 USB 接口传输到计算机中，最后通过显示器就可以看到图像了。

（6）数码摄像机　数码摄像机是将光信号通过 CCD 转换为电信号，再经过 A/D 转换，以数字格式将信号保存在存储卡、DVD 或硬盘上的一种摄像记录设备，如图 1-7 所示。在数码影像系统中，数码照相机和数码摄像机同为数码影像的输入设备，其作用都是生成数码影像，区别在于数码照相机主要用于拍摄静态图片，数码摄像机主要用于拍摄连续图片，生成影像。

图1-5　数码照相机　　　　　图1-6　数字摄像头　　　　　图1-7　数码摄像机

（7）打印机　打印机是由微型处理器、精密机械和电气装置构成的机电一体化的高科技产品，是各种类型的计算机系统中能实现硬复制输出的外部设备，如图 1-8 所示。通过它可以将计算机处理的文件、数据和图片打印出来。打印机的种类很多，可以按工作原理、打印输出方式、行业用途、价格等方式分成不同类型。目前常用的打印机为彩色打印机，一般有彩色喷墨打印机、彩色激光打印机和热升华打印机等。

（8）投影仪　投影仪按照结构原理分类主要有 CRT（Crystal Ray Tube，阴极射线管）投影仪、LCD（Liquid Crystal Display，液晶显示器）投影仪、DLP（Digital Light Processor，数码光路处理器）投影仪和 LCOS（Liquid Crystal on Silicon，硅基液晶）投影仪。CRT 和 LCD 投影仪采用透射式投射方式，DLP 投影仪采用反射式投射方式，LCOS 投影仪采用新型的反射式投影技术，采用涂有液晶硅的 CMOS 集成电路芯片作为反射式 LCD 的基片。投影仪外观如图 1-9 所示。

图 1-8 彩色打印机

图 1-9 投影仪

## 子任务 3 了解多媒体软件

 **知识导读**

多媒体软件包括多媒体操作系统、多媒体硬件的驱动程序和多媒体开发工具等。多媒体应用软件是直接面向用户的软件产品，是由各个应用领域的专家和软件开发人员使用多媒体编程语言或多媒体创作工具完成的最终多媒体产品。

### 1. 多媒体开发工具

多媒体开发工具种类繁多，从开发的层次、深度的角度来划分，一般可分为多媒体编程语言、多媒体素材制作软件和多媒体集成制作软件等三类。

（1）多媒体编程语言 常用的多媒体编程语言有 Visual BASIC、Visual C++、Delphi、Java 媒体框架（JMF）等。

（2）多媒体素材制作软件

1）文字特效制作软件。包括 Word（艺术字）、COOL 3D 等。

2）绘图和制图软件。其中，制作二维矢量图形的绘画软件有 CorelDRAW、Illastrator、MapInfo Professional 等；制作三维矢量图形的绘画软件有 3D Studio MAX、AutoCAD 等。

3）图形图像处理与制作软件。图形图像处理软件是专门用于增强和修饰位图的工具软件，它是使用频率非常高的软件。目前比较常用的图形图像处理软件有 PhotoShop、PhotoDRAW、FreeHand 等。

4）音频编辑与制作软件。音频编辑软件可以处理波形音频和 MIDI 音频。常用的音频编辑软件有 Adobe Audition、GoldWave、Sound Forge 等。

5）动画制作软件。常用的二维动画制作软件有 Animator Studio、Flash、SWish 等；常用的三维动画制作软件有 3D Studio MAX、Cool 3D、Xara3D 等。

6）视频处理软件。视频处理就是从电视、数码摄像机、VCD 中采集视频素材片断，从各种音频源取得声音素材，并在计算机中对这些声音和视频图像进行编辑加工和压缩处理，根据需要给这些活动影像配上多轨声音和文字信息，有时还将动画和静态图像整合起来，以小窗口形式播放。要完成视频处理，最好是用专门的视频采集卡，再配合其支持的视频处理软件。目前常用的视频处理软件有 Adobe Premiere、Adobe After Effect、Sony Vagas 等。

（3）多媒体集成制作软件 多媒体集成制作软件是利用编程语言调用多媒体硬件开发工具或函数来实现的，相对而言它们都是一些应用程序生成器，用来帮助开发人员提高开发工作效率，将各种多媒体素材按照超文本节点和链结构的形式进行组织，形成多媒体应用系统。这类软件中常用的有 Authorware、PowerPoint、Director、Tool Book 等。

**2. 多媒体硬件驱动程序**

驱动程序（Device Driver）全称为"设备驱动程序"，是一种可以使计算机系统和外部设备通信的特殊程序，相当于硬件的接口；操作系统只能通过这个接口，才能控制硬件设备的工作。假如某设备的驱动程序未能正确安装或已损坏，该设备便不能正常工作。因此，驱动程序也被形象地称为"硬件和系统之间的桥梁"。

多媒体外部设备种类繁多，有不同的类型、品牌和型号，而且厂商采用的制式和标准也不尽相同，因此大多数多媒体硬件设备需要安装相应的驱动程序才能正常工作，如显卡、声卡、扫描仪、摄像头、外接游戏硬件等。

# 任务2　了解多媒体技术的基础知识

**知识导读**

多媒体技术涉及的范围非常广泛，技术要求非常先进，是一个涉及多种学科、多种技术的综合性领域。由于多媒体系统需要将不同的媒体数据表示成统一的结构码流，然后对其进行变换、重组和分析处理，以进行存储、传送、输出和交互控制，所以，多媒体的关键技术主要包括：多媒体数据处理技术，包括交互界面设计、音频处理、视频处理、图形图像处理、压缩与编码技术等；多媒体通信技术，指数据、语音、视频、图像的传输；以及虚拟现实技术与人工智能等。

多媒体数据的一个重要特征是数据量大，在处理的过程中，既要保证多媒体信息的有效性和完整性（如音频、视频的清晰度、保真度，图像的分辨率等），也要考虑硬件的计算速度、存储能力、传输带宽等因素。因此，在诸多多媒体技术中，以视频、音频和图像数据的压缩与编码技术最为重要。也正是因为数据压缩编码技术的突破性进展，伴随着大规模集成电路（VLSI）制造技术、大容量存储器制造技术和高速网络数据传输技术的高速发展，多媒体技术的应用才得以迅速发展，进而成为如今的具有强大的处理声音、文字、图像等媒体信息的能力的综合性高科技技术。

**1. 视频技术**

多媒体中的视频包括电影、电视节目、录像等，也称为动态图像或运动图像。

人的眼睛有一种视觉暂留的生理现象，即眼睛在观察景物时，光在视网膜上所产生的视觉映像不会在光消失后就立即消失，而是会在一个非常短暂的时间内继续保留，大约是0.1~0.4秒。视觉暂留现象是动画、电影等视觉媒体形成和传播的依据。

视频是人们最喜闻乐见的媒体格式，而多媒体视频处理技术却是一个复杂而又具有挑战性的课题，其原因在于视频是带有时空结构的非结构化数据，在计算机上处理，其数据量巨大且要求时间上的连续性。

视频技术包括视频数字化和视频编码技术两个方面。视频数字化是将模拟视频信号经A/D 转换和彩色空间变换转为计算机可显示或处理的数字信号，如图 1-10 所示。视频编码技术是将数字化的视频信号经过编码成为视频信号,从而可以录制或播放。对于不同的应用环境,可以采用不同的编码技术标准。

### 2. 音频技术

音频技术主要包括 4 个方面:音频数字化、语音处理、音合成及语音识别。音频技术发展较早,一些技术已经成熟并产品化,大量进入了家庭。越来越多

图 1-10 视频信号数字化过程

的声像信息以数字形式存储和传输,为人们更灵活地使用这些信息提供了可能性。语音的识别长久以来一直是人们的美好梦想,让计算机听懂人说话是发展人机语音通信和新一代智能计算机的主要目标。随着计算机的普及,越来越多的人在使用计算机,如何给不熟悉计算机操作的人提供一个友好的人机交互手段,是人们感兴趣的问题,而语音识别技术就是其中最自然的一种交流手段。当前,语音识别领域的研究方兴未艾,在这方面的新算法、新思想和新的应用系统不断涌现。同时,语音识别领域也正处在一个非常关键的时期,世界各国的研究人员正在向语音识别的最高层次应用——非特定人、大词汇量、连续语音的听写机系统的研发进行冲刺,乐观地说,人们所期望的语音识别技术实用化的梦想很快就会变成现实。目前,世界上已研制出汉、英、日、法、德等语种的文语转换系统,并在许多领域得到了广泛应用。

### 3. 数据压缩技术

数据压缩技术包括图像、视频和音频信号的压缩、文件存储和使用。图像压缩一直是技术热点之一,是计算机处理图像和视频以及网络传输的重要基础。目前国际标准化组织(ISO)制订了两个压缩标准,即 JPEG 和 MPEG,可以使计算机实时处理音频、视频信息,以保证播放高质量的视频、音频节目。

### 4. 虚拟现实技术

多媒体计算机和仿真技术的结合可以产生一种使人仿佛置身其中的虚拟世界,通常把这种技术称之为"虚拟现实"(简称 VR)。换句话说,虚拟现实是由多媒体技术与仿真技术相结合而生成的一种交互式平台,在这个平台中可以创造一种使人身临其境的完全真实的感觉。目前 VR 技术主要是应用于少数高难度的军事和医疗领域以及一些研究部门,但是在教育与技能培训领域,VR 技术有不可替代的、令人鼓舞的应用前景。例如,达特茅斯医学院所开发的一种"交互式多媒体虚拟现实系统",可以使医务工作者体验并学习如何对各种战地医疗的实际情况做出反应。利用该系统,实习者可以感受到由计算机仿真所产生的各种伤病员的危险症状,并从系统中选择某种操作规程对当前的伤病情况进行处理,还可立即看到这种处理方式所产生的结果。为了使实习者获得更深刻的体验,系统还可仿真各种外科手术,其内容包括从一般的临床手术直至复杂的人体器官替换。

## 子任务 1 了解多媒体信息数字化——编码技术

**知识导读**

多媒体信息技术的数据量巨大。例如,对于模拟宽带为 4kHz 的音频信号,取样频率

为 8kHz，每个样本值用 8 位来表示，则每秒数据量为 8KB，若用网络来传输则需占用 64Kbit/s 的数字信道；对模拟带宽为 22kHz 的高保真音频信号，每一个量化值用 16 位表示，采样频率为 4.1kHz，采用双声道立体声，则每秒数据量为 1.345Mb。PAL 制式数字电视信号的帧分辨率为 720×576，每秒 25 帧图像，每个像素用 24 位表示，则每秒要产生约 30MB 的数据，若

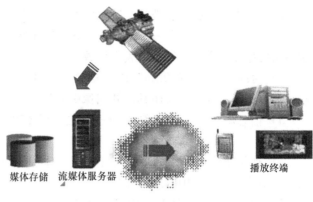

媒体存储　流媒体服务器　　　　　　　播放终端

图 1-11　多媒体压缩技术的应用

以 650MB 的光盘存储，仅能存储约 22 秒的数据。因此，编码压缩技术在多媒体技术中处于关键地位，如图 1-11 所示。视频、音频的数字化过程主要是采样、量化和编码。编码有两个作用：一是将量化的数据表示成计算机可处理的二进制形式；二是希望通过某种编码方法，使数据文件占用的存储空间减少，这就是数据压缩，所以编码和数据压缩几乎是同义词。

顾名思义，数据压缩的对象是数据。数据是信息的载体，用来记录和传达信息。因此，真正有用的并不是数据本身的形式，而是其所携带的信息。大的数据量并不代表含有大的信息量。下面从信息论的角度介绍数据压缩的相关内容。

**1. 信息和熵**

在日常生活中，一则新闻或一篇文章，从信息论的观点看，称之为"消息"。在消息中，有些内容是我们事先不知道的，这些不确定的内容称为"信息"。收到消息后，不确定的内容变成确定的内容，称为"获得信息"。因此，不确定内容的多少，就可以作为信息的度量。换言之，信息是用不确定性的度量定义的。

香农定理应用概率来描述不确定性。事件出现的概率越小，即不确定性越多，则信息量越大，反之则越少。在数学上，所传输的消息是其出现概率的单调下降函数。所谓消息，是指从 N 个相等事件过程中选一件事，所需要的信息度量或含量，也就是辨识 N 个事件中特定的一个事件的过程中，所需要提问"是"或"否"的最少次数。

如果将信息源所有可能事件的信息量进行平均，即可得到信息的"熵"。一个事件发生的概率越小，其信息的熵越高，所含的信息量越大。熵是一个非负数，当出现的概率为 1 或 0 时，熵为 0。

香农定理的要点是：信源中含有自然冗余度，这些冗余度既来自信源本身的相关性，又来自信源概率分布的不均匀性，只要找到去除相关性或改变概率分布不均匀性的手段和方法，也就找到了信息熵编码的方法。但信源所含的平均信息量是进行无失真编码的理论的极限，只要不低于此极限，就能找到某种适宜的编码方法，去逼近信息熵，实现数据压缩。

**2. 信息冗余**

多媒体数据中大的数据量并不完全等于它们所携带的信息量。在信息论中，称为"冗余"。冗余是指信息存在的各种性质的多余度。减少数据冗余可以节省存储空间，有

效利用网络带宽。图像、视频、数据中存在的数据冗余主要包括以下几种类型：

1）空间冗余。在同一幅图像中，规则物体和规则背景表面的物理特性具有相关性，这些相关性在数字化图像中就表现为数据冗余。

2）时间冗余。时间冗余反映在视频图像序列中。相邻图像之间有较大的相关性，一帧图像中的某物或场景可由其他帧图像中的物体或场景重构出来。

3）信息熵冗余。信息熵冗余是指数据所携带的信息量少于数据本身而反映出来的数据冗余。

4）视觉冗余。人的视觉系统由于受生理特性的限制，对于图像的注意是非均匀的，人眼并不能察觉图像中的所有变化。

5）听觉冗余。人耳对不同频率的声音的敏感性是不同的，不能察觉所有频率的变化，对某些频率不必特别关注，因此存在听觉冗余。由于声音的掩蔽效应，被掩蔽信号实际上也是没有必要存储或传输的。

6）知识冗余。数据的理解与先验知识有相当大的关系。例如，当接到一个成语的前三个字"大惊小"时，立刻就会知道下一个字肯定是"怪"。这时最后一个字就不携带任何信息量了，是一种先验知识冗余。在图像和声音中都存在这种冗余。

因为大量的数据存在数据冗余，所以可以采用某种算法对数据进行重新整理，以减小数据量而不损失其中的信息，达到数据压缩的目的。这些算法就是压缩算法，也叫编码方法。

**3. 压缩算法的分类**

压缩算法从不同角度有不同的分类方法。

（1）从信息量有无损失划分　可分为可逆编码和不可逆编码。

1）可逆编码。可逆编码也称为无失真编码、冗余度压缩、熵编码等，其原理是减少数据中的冗余度，而不损失任何信息。解压时可以完全恢复原来的数据，因此又称为无损压缩。典型的无损压缩有 Huffman 编码、算术编码和行程编码等。

可逆编码由于不会产生失真，因此在多媒体技术中常用于文本、数据的压缩。它能保证完全的恢复原始数据，但压缩比比较低，一般在 2:1 ~ 5:1 之间。

2）不可逆编码。不可逆编码是有失真压缩，信息论中称为熵压缩。由于压缩了熵，会减少信息而不能再恢复，因此这种压缩又称为有损压缩。在语音和图像中，由于存在着视觉冗余和听觉冗余，减少这种信息并不影响人们的视觉效果和听觉效果，所以经常采用这种方法。

有损压缩常用于数字化存储的模拟数据，并且主要用于图像、声音、动态视频等数据的压缩。

（2）根据压缩原理划分　可分为预测编码、变换编码、向量量化、子带编码、熵编码等。

1）预测编码。这是一种针对统计冗余性的压缩方法。对于语音，就是通过预测去除语音信息时间上的相关性。而对于图像，帧内预测去除了空间上的冗余，帧间预测可以去除时间上的冗余。目前大多数语音图像编码中都采用了预测技术。

2）变换编码。这也是针对统计冗余性的压缩方法。不同的是，变换编码首先把要压缩的数据变换到某个变换域中，然后再进行编码。变换域中表现为能量集中在某些区域，就可以利用这一特点在不同的区域间有效地分配量化比特数，或者去掉能量很小的区域，从而达到压缩数据的目的。

3）向量量化。向量量化是利用相邻数据间的相关性，将数据序列分组进行量化的一种压缩方法。和预测编码一样，向量量化本质是利用数据序列的统计相关性进行压缩的。

4）子带编码。子带编码首先让原始数据分别通过若干个具有不同频带的滤波器，将信号分成多个子带信号输出，然后分别对各个滤波器的输出进行编码。当滤波器选取得合适时，它们的输出将各自具有不同的分布特性，对各频段进行不同的量化处理，可以有效地进行数据压缩。

5）熵编码。根据熵的原理，用短码表示出现概率大的数据，用长码表示出现概率小的数据。这是一种无损数据压缩技术，在语音和图像编码中常和其他有损压缩编码方法结合使用。

## 子任务2　了解多媒体信息最优化——压缩技术

 **知识导读**

多媒体技术是面向三维图形图像、立体声和彩色全屏幕运动画面的处理技术。多媒体计算机系统需要处理的是由数字、文字、声音、图形、图像、动画、视频等多种媒体承载的，模拟量和数字量相互转换过程中的数据存储、制作和传输的难题，尤其是音、视频信号转化为数字信号后其数据量非常庞大。例如，一幅 $1024 \times 768$ 像素的近似真彩色图像（24B/像素），数字化后的数据量为 $1024 \times 768 \times 24 \ B = 18 \ MB$；若要实现动态视频显示，如采用 NTSC 制式的帧率为 30s/帧，每秒所需的数据量则有 $30 \times 18 \ MB = 540 \ MB$，而且要求系统的数据传输率也要达到 540MB/s。这样的数据量规模对多媒体计算机硬件提出极高的要求，因此极大地限制了多媒体技术的应用和发展。

**1. 多媒体数据压缩编码技术的分类**

多媒体数据压缩方法根据不同的依据可产生不同的分类。

（1）根据解码后数据是否能够完全无丢失地恢复原始数据　可分为无损压缩和有损压缩两种：

1）无损压缩，也称为可逆压缩、无失真编码等。其工作原理为去除或减少冗余值，但这些被去除或减少的冗余值可以在解压缩时重新插入到数据中以恢复原始数据。典型算法有哈夫曼编码、香农—费诺编码、算术编码、游程编码等。

2）有损压缩，也称不可逆压缩。这种方法在压缩时减少的数据信息是不能恢复的，在语音、图像和动态视频的压缩中，经常采用这类方法。它对自然景物的彩色图像压缩比可达到几十倍甚至上百倍。

（2）按具体编码算法分类　可分为预测编码、变换编码和统计编码三种：

1）预测编码（Predictive Coding）。这种编码器记录与传输的不是样本的真实值，而是真实值与预测值之差。预测值由预编码图像信号的过去信息决定。由于时间、空间相关性的真实值与预测值的差值变化范围远远小于真实值的变化范围，因而可以采用较少的位数来表示。

2）变换编码（Transform Coding）。在变换编码中，由于对整幅图像进行变换的计算量太大，所以一般把原始图像分成许多个矩形区域，即子图像。对子图像独立进行变换。变换编码的主要思想是利用图像块内像素值之间的相关性，把图像变换到一组新的"基"上，使得能量集中到少数几个变换系数上，通过存储这些系数而达到压缩的目的。

3）统计编码。最常用的统计编码是哈夫曼编码，出现频率大的符号用较少的位数表示，而出现频率小的符号则用较多位数表示，编码效率主要取决于需要编码的符号出现的概率分布，越集中则压缩比越高。哈夫曼编码是一种无损压缩技术，在语音和图像编码中常和其他方法结合使用。

**2. 多媒体数据压缩编码的技术标准**

目前，国际广泛认可和应用的通用数据压缩编码标准主要有 JPEG、H. 261、MPEG 和 DVI 4 种。

（1）JPEG 标准　JPEG 是一种基于 DCT（离散余弦变换）的静止图像压缩和解压缩算法，由 ISO 和国际电报电话咨询委员会（CCITT）共同制定。它是把冗长的图像信号和其他类型的静止图像去掉，甚至可以减小到原图像的百分之一。JPEG 压缩是有损压缩，它利用了人的视觉系统的特性，去掉了视觉冗余信息和数据本身的冗余信息。在压缩比为 25:1 的情况下，压缩后的图像与原始图像相比较，非图像专家难辨"真伪"。

（2）H. 261 标准　H. 261 是由 CCITT 通过的用于音频视频服务的视频编码解码器标准（也称为 Px64 标准）。它主要使用两种类型的压缩：帧中的有损压缩（基于 DCT）和帧间的无损压缩编码，并在此基础上使编码器采用带有运动估计的 DCT 和 DPCM（差值编码）的混合方式。H. 261 与 JPEG 及 MPEG 标准间具有明显的相似性，但关键区别是 H. 261 是为动态使用设计的，并提供完全包含的组织和高水平的交互控制。

（3）MPEG 标准　MPEG 实际上是指一组由国际电报联盟（ITU）和 ISO 制定发布的视频、音频、数据的压缩标准。它采用的是一种减少图像冗余信息的压缩算法，提供的压缩比可以高达 200:1，同时，图像和音响的质量也非常高。MPEG 版本主要有 MPEG-1、MPEG-2、MPEG-3、MPEG-4 和 MPEG-7 五种：

1）MPEG-1 标准制定于 1992 年，是针对 1.5Mbit/s 以下数据传输速率的数字存储媒体运动图像及其伴音编码设计的国际标准。同时，它还被用于数字电话网络上的视频传输，如非对称数字用户线路（ADSL）、视频点播（VOD）、教育网络等。

2）MPEG-2 标准制定于 1994 年，是针对 3～10Mbit/s 的数据传输速率制定的运动图像及其伴音编码的国际标准，广泛用于数字电视及数字声音广播、数字图像与声音信号的传输、多媒体等领域。

3）MPEG-3 最初是为 HDTV（高清晰电视广播）制定的编码和压缩标准，但由于 MPEG-2 的出色性能已能适用于 HDTV，因此 MPEG-3 标准并未制定。

4）MPEG-4 于 1998 年 11 月公布，主要针对一定传输速率下的视频、音频编码，更加注重多媒体系统的交互性和灵活性。

5）MPEG-7 的应用范围很广泛，既可应用于存储，也可用于流式应用。未来它将会在教育、新闻、导游信息、娱乐、等各方面发挥巨大的作用。

（4）DVI 标准　DVI 视频图像压缩算法的性能与 MPEG-1 相当，即图像质量可达到 VHS（家用录像系统）的水平，压缩后的图像数据率约为 1.5Mbit/s。为了扩大 DVI 技术的应用，Intel 公司后来又推出了 DVI 算法的软件解码算法，称为 Indeo 技术，它能将为压缩的数字视频文件压缩为五分之一到十分之一。

多媒体计算机技术、计算机网络技术以及现代多媒体通信技术正在向着信息化、高速化、智能化迅速发展。随着各个领域的应用与发展，各个系统的数据量越来越大，给数据的存储、传输以及有效、快速获取信息带来了严重的障碍。数据压缩就是用最少的数码来表示信号，以便能较快地传输各种信号，用现有的通信干线并行开通更多的多媒体业务，因此多媒体数据压缩技术成为解决这一问题的关键技术，越来越引起人们的重视。

# 任务 3  了解多媒体应用领域

## 子任务 1  了解多媒体教学

 **知识导读**

多媒体技术是一种综合性的电子信息技术，它给传统的计算机系统、音频、视频设备带来了根本的变革，对大众传媒产生了极其深远的影响。将多媒体技术应用于教学中，既能向学生快速提供丰富多彩的集图、文、声于一体的教学信息，又能为学生提供生动、友好、多样化的交互方式。

**1. 多媒体教学的基本概念**

多媒体教学是指在教学过程中，根据教学目标和教学对象的特点，通过教学设计，合理选择和运用现代教学媒体，并与传统教学手段有机组合，共同参与教学全过程，以多种媒体信息作用于学生，形成合理的教学过程结构，达到最优化的教学效果，如图 1-12 所示。

图 1-12  利用多媒体进行教学

**2. 多媒体技术在教学中的作用**

1）多媒体教学可产生优良的视听效果。人的视觉、听觉是接收信息的主要渠道，获得的信息也最大，因此是教学中最主要的手段。多媒体教学有利于信息传递和学生对信息的接收与消化。其特有的优势在于可以对学生产生一定强度的刺激，引起学生的注意。观察力是以感知为基础形成起来的，离开了感知也就没有了观察。利用多媒体易于引人入胜的特点，可以不断提高学生的注意力，使学生心理活动处于积极状态。

2）多媒体教学能克服时间和空间的限制。教学中常有一些宏观的自然现象、逝去的景色或者需长时间才能感知的事物，因受时间和空间的制约，无法让学生亲眼看见；而一些微观的事物和微小的变化，无法通过仪器设备让学生进行观察，这些都是课堂教学难点。多媒体的运用为教学提供了形象生动、内容丰富、直观具体、感染力强的感性材料，使学生可以直观地感受事物的运动、发展、变化。真情实感取代了凭空想象，难题无须多讲，"百闻不如一见"。学生通过听、视、评、悟充分感知原先较为抽象的教学内容，也符合从具体到抽象的认识规律，从而保证了教学活动的顺利进行。

3）多媒体教学是提高课堂教学效果的先进教学手段。多媒体技术的恰当运用，使课堂教学活动更加符合学生的心理特点和认识规律，促使学生始终在愉悦的氛围中积极、主动地获取知识，学会学习，提高能力。多媒体技术可使教学过程立体化，可以改变以往教学过程设计的线性结构，直观显示整体课堂教学中四要素的比重及其之间的正确关系，并能够作为实施课堂教学的蓝图，有效克服教学的随意性。它还具有反馈功能，可以依据学生的反应做出相应的判断，为各学科、各种类型的课堂教学模式的建立奠定基础。

多媒体技术的应用，使教学手段更加丰富，对教学效果的提高起到促进作用。由于计算机是人脑的延伸，是人脑思维活动的模拟，是对人类思维活动的结构、功能及其规律的把握，因此，其在教学上的运用十分有利于学生的发展，符合现代化教学规律的要求。

## 子任务2 了解虚拟现实技术

 **知识导读**

虚拟现实（简称VR）技术，又称灵境技术，是以沉浸性、交互性和构想性为基本特征的计算机高级人机界面，综合利用了计算机图形学、仿真技术、多媒体技术、人工智能技术、计算机网络技术、并行处理技术和多传感器技术，模拟人的视觉、听觉、触觉等感觉器官功能，使人能够沉浸在计算机生成的虚拟境界中，并能够通过语言、手势等自然的方式与之进行实时交互，创建了一种适人化的多维信息空间。使用者不仅能够通过虚拟现实系统感受到在客观世界中所经历的"身临其境"的逼真感，而且能够突破空间、时间以及其他客观限制，感受到真实世界中无法亲身经历的体验。

### 1. 虚拟现实技术概述

虚拟与现实两词具有相互矛盾的含义，把这两个词放在一起，似乎没有意义，但是科学技术的发展却赋予了它新的含义。虚拟现实至今没有一个准确的定义，按最早提出此概念的学者 J. Laniar 的说法，虚拟现实又称假想现实，意味着"用计算机合成的人工世界"。由此可见，这个领域与计算机有着密不可分的关系，而信息科学是实现虚拟现实的基本前提。实现虚拟现实需要解决以下三个主要问题：

1）存在技术。即怎样合成对观察者的感觉器官来说与实际存在相一致的输入信息，也就是如何可以产生与现实环境一样的视觉、触觉、嗅觉等。

2）相互作用。即如何使观察者积极和能动地操作虚拟现实，以实现不同的视点景象，获得更高层次的感觉信息，实际上也就是怎么可以看得更像、听得更真等。

3）自律性现实。如何使感觉者在无意识状态下，对自己的动作、行为产生栩栩如生的现实感，即要求观察者、传感器、计算机仿真系统与显示系统构成一个相互作用的闭环流程。

虚拟现实是多种技术的综合，其关键技术和研究内容包括以下几个方面：

1）环境建模技术。即虚拟环境的建立，目的是获取实际三维环境的三维数据，并根据应用的需要，利用获取的三维数据建立相应的虚拟环境模型，如图1-13所示。

2）立体声合成和立体显示技术。在虚拟现实系统中消除声音的方向与用户头部运动的相关性，同时在复杂的场景中实时生成立体图形。

3）触觉反馈技术。在虚拟现实系统中让用户能够直接操作虚拟物体并感觉到虚拟物体的反作用力，从而产生身临其境的感觉。

4）交互技术。虚拟现实中的人机交互远远超出了键盘和鼠标的传统模式，利用数字头盔、数字手套等复杂的传感器设备，三维交互技术与语音识别、语音输入技术成为重要的人机交互手段。

图 1-13　虚拟城市

5）系统集成技术。由于虚拟现实系统中包括大量的感知信息和模型，因此系统的集成技术为重中之重，包括信息同步技术、模型标定技术、数据转换技术、识别和合成技术等。

**2. 虚拟现实技术的应用**

早在 20 世纪 70 年代美国便开始将虚拟现实用于培训宇航员。由于这是一种省钱、安全、有效的培训方法，现在已被推广到各行各业的培训中。目前，虚拟现实已被推广到不同领域中，得到广泛应用。

在科技开发上，虚拟现实技术可缩短开发周期，减少费用。例如，克莱斯勒公司 1998 年初便利用虚拟现实技术，在设计某种新型车上取得突破，首次使设计的新车直接从计算机屏幕投入生产线，完全省略了中间的试生产。由于利用了卓越的虚拟现实技术，使克莱斯勒避免了 1500 项设计差错，节约了 8 个月的开发时间和 8000 万美元费用。利用虚拟现实技术还可以进行汽车冲撞试验，不必使用真的汽车便可显示出不同条件下的冲撞后果。

在商业上，虚拟现实常被用于推销。如在建筑工程投标时，把设计的方案用虚拟现实技术表现出来，便可把业主带入未来的建筑物里参观，从而对门的高度、窗户朝向、采光效果、屋内装饰等有一个直观的感受。它同样可用于旅游景点以及功能众多、用途多样的商品推销，因为用虚拟现实技术展现这类商品的魅力，比单用文字或图片宣传更加有吸引力。

在医疗上，虚拟现实技术的应用大致有两类。一类是虚拟人体，也就是数字化人体，使用这样的人体模型可以让医生更容易地了解人体的构造和功能。另一类是虚拟手术系统，可用于指导手术的进行。

在军事上，利用虚拟现实技术模拟战争过程已成为最先进、最经济、最便捷的研究战争、培训指挥员的方法。1991 年海湾战争开始前，美军便把海湾地区各种自然环境和伊拉克军队的各种数据输入计算机内，进行各种模拟后才定下初步作战方案，而后来实际作战的发展和模拟实验结果相当一致。

在娱乐上，虚拟现实技术的应用最为广泛。英国出售的一种滑雪模拟器，使用者身穿滑雪服、脚踩滑雪板、手拄滑雪棍、头上戴着头盔显示器，手脚上都装着传感器，即使在室内，只要做着各种滑雪动作，便可通过头盔式显示器，看到堆满皑皑白雪的高山、峡谷、悬崖陡壁——从身边掠过，其情景就和真的在滑雪场里滑雪的感觉一样。

虚拟现实技术已经和理论分析、科学实验一起，成为人类探索客观世界规律三大手段。

# 子任务3　了解流媒体技术

 **知识导读**

流媒体技术用于解决影音等多媒体数据在网络中的传输。传统的网络传输音视频等多媒体信息的方式是完全下载到本地计算机后再播放，下载常常要花数分钟甚至数小时。而采用流媒体技术，就可实现流式传输，将声音、影像或动画由服务器向用户计算机进行连续、不间断传送，用户不必等到整个文件全部下载完毕，而只需经过几秒或十几秒的缓冲延时即可观看。当声音、视频等在用户的机器上播放时，文件的剩余部分还会从服务器上继续下载。

**1. 流媒体技术概述**

流媒体又称流式媒体，是指在计算机网络（尤其是中、低带宽的 Internet/Intranet）中使用流式传输技术传输连续的媒体。浏览者可以一边下载一边收听、收看多媒体文件，而无需等待整个文件下载完毕后才能播放，并且不占用硬盘空间。整个过程的实现涉及流媒体数据的采集、压缩、存储、传输以及网络通信等多项技术。

**2. 流媒体系统结构**

现存流媒体解决方案采用的技术是多样的，但其体系结构的本质是相近的。流媒体的体系由以下几部分构成：①编码工具，用于创建、捕捉和编辑多媒体数据，形成流媒体格式，可以由带视频、音频硬件接口的计算机和运行其上的制作软件共同完成；②流媒体数据；③服务器，用于存放和控制流媒体的数据；④网络，即适合多媒体传输协议或实时传输协议的网络；⑤播放器，供客户端浏览流媒体文件，常用的有 Windows Media Player、RealPlayer 和 QuickTime。

**3. 流媒体文件格式**

1）ASF 文件格式。ASF（Advanced Streaming Format，高级流格式）是微软推出的一个独立于编码方式的在 Internet 上实时传播的多媒体技术标准。它是目前流行的 MPEG-4 标准的文件默认格式，在保证图像质量的前提下，允许在窄带上传播文件，其应用领域广泛。ASF 是专为在 IP 网上传送有同步关系的多媒体数据而设计的，所以它特别适合在 IP 网上传输。ASF 文件的内容既可以是我们熟悉的普通文件，也可以是一个由编码设备实时生成的连续的数据流。

2）RealMedia 文件格式。RealNetworks 公司的 RealMedia 包括 RealAudio、RealVideo 和 RealFlash 三类文件，其中 RealAudio 用来传输接近 CD 音质的音频数据，RealVideo 用来传输不间断的视频数据，RealFlash 则是 RealNetworks 公司与 Macromedia 公司联合推出的一种高压缩比的动画格式。RealMedia 文件格式的引入，使得 RealSystem 可以通过各种网络传送高质量的多媒体内容，第三方开发者可以通过 RealNetworks 公司提供的软件工具开发包（SDK）将它们的媒体格式转换成 RealMedia 文件格式。

3）QuickTime 文件格式。Apple 公司的 QuickTime 电影文件现已成为数字媒体领域的工业标准。QuickTime 电影文件格式定义了存储数字媒体内容的标准方法，使用这种文件格式不仅可以存储单个的媒体内容（如视频帧或音频采样），而且能保存对该媒体作品的完整描述。QuickTime 文件格式被设计用来适应与数字化媒体一同工作需要存储的各种数据。因为这种文件格式能用来描述几乎所有的媒体结构，所以它是应用程序间（不管运行平台如何）交换数据的理想格式。

**4. 流媒体技术的应用**

Internet 的迅猛发展和普及为流媒体业务的发展提供了强大的市场动力，并使其日益流行。流媒体技术广泛用于多媒体新闻发布、在线直播、网络广告、电子商务、视频点播（VOD）、远程教育、远程医疗、网络电台、实时视频会议等互联网信息服务的方方面面。流媒体技术的应用将为网络信息交流带来革命性的变化，对人们的工作和生活产生深远的影响。实际的流媒体系统的构建要复杂得多，还涉及许多相关的应用技术，如流媒体服务器的配置、Web 服务器的配置、视频点播、课件资源查询系统、课件制作系统等。

流媒体技术作为一种新的网络技术，现已表现出强大的生命力，给人们的生活带来了新的变化。它在教育领域的应用，已给传统教育注入了新的生命力。网络教育的流媒体化能大力发展现代远程教育，对于促进我国教育的普及和建立终生学习体系，实现教育的跨越式发展，具有重大的现实意义。

**信息卡**

### 多媒体与网络

Internet 是一个通过网络设备把世界各国的计算机相互连接在一起的计算机网络。在这个网络上，使用普通的语言就可以进行相互通信，协同研究，从事商业活动，共享信息资源。Internet 是世界上规模最大、用户最多的计算机网络，是 20 世纪全球发展最迅速、影响最深远和冲击力最大的信息存取和处理工具。

万维网（Web）是在 Internet 上运行的全球性分布式信息系统，Web 是 WWW（World Wide Web）的简称。由于它支持文本、图像、声音、影视等数据类型，而且使用超文本、超链接技术把全球范围里的信息链接在一起，所以也称为超媒体环球信息系统。

整个万维网计划是 1989 年由欧洲高能物理实验室（European Laboratory for Particle Physics）开始研究的，是应用超文本和超媒体技术的典范。随着相关工具软件的普及，万维网在 Internet 上已吸引越来越多的学校、机构及各行各业的公司竞相投入，以提供多姿多彩的教育、信息和商业服务。万维网正在改变人们进行全球通信的方式。人们接受和使用这种新的全球性的媒体比历史上任何一种通信媒体都快。在过去的几年里，万维网已经聚集有巨大的信息资源，从股票交易到寻找工作，从电子公告板到了解新闻，从看电影到阅读名著、文学评论，从欣赏音乐到玩游戏等，凡是人们能够想到的万维网上几乎都可以找到。

万维网和 Internet 的关系犹如计算机的硬件平台和软件环境之间的关系。万维网技术是 Internet 上环球信息系统设计技术上的一个重大突破，是目前最热门的多媒体技术。

# 任务4　了解多媒体文件及转换

## 子任务1　了解常见数字音频文件格式及转换

 **知识导读**

"超级转换秀"是一款集成 CD 抓轨、音频转换、视频转换、音视频混合转换、音视频切割、驳接转换于一体的优秀影音转换工具，其界面如图 1-14 所示。它支持 WAV/MP3/OGM/WMA/APE/AAC/AC3/RMA 等格式的音频，同时支持抓取并转换 AVI/VCD/SVCD/DVD/MPG/ASF/WMV/RM/RMVB/MOV/QT/MP4/MPEG4/3GP 等视频文件的音频，并支持批量转换处理。

### 步骤：

**步骤 1** 选择软件主界面顶部的"音频转换通"选项卡，如图 1-15 所示。单击"添加待转换音频"按钮，在弹出菜单中选择相应的添加方式，如图 1-16 所示。除此之外，还可以将音频、视频文件直接用鼠标拖拉到"超级转换秀"中进行添加。

**步骤 2** 单击"修改参数"按钮，转到"设置待转换的音频参数"界面，如图 1-17 所示。

**步骤 3** 可以对导出音频进行详细质量参数设置。在"转换后的格式"下拉列表框中，可以选择需要导出的各种音频格式。格式选择好后，在参数设置区域相应的设置参数文本框就会被激活（没激活则表示不需要用户设置的参数），可以在这里对导出的音频文件进行详细参数设置（如不设置则使用软件默认的参数）。

图 1-14 "超级转换秀"视频转换界面

图 1-15 "超级转换秀"音频转换界面

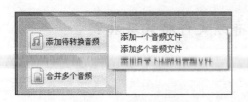

图 1-16 添加待转换的音频文件

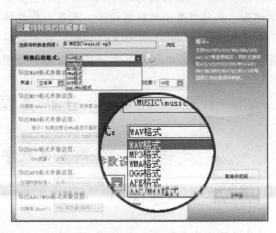

图 1-17 设置待转换的音频参数

## 信息卡

### 常见数字音频文件格式

WAVE 格式文件，扩展名为 WAV。该格式记录声音的波形，故只要采样率高、采样字节长、机器速度快，利用该格式记录的声音文件能够和原声基本一致，质量非常高，但其缺点是文件占用空间太大。

MPEG-3 格式文件，扩展名 MP3。是现在最流行的声音文件格式，因压缩率大，在网络可视电话通信方面应用广泛，但和 CD 唱片相比，音质不能令人非常满意。

Real Audio 格式文件，扩展名 RA。这种格式因其强大的压缩功能和极小的失真效果而在众多音频文件格式中脱颖而出，成为网络中使用最普遍的文件。和 MP3 文件格式相同，它也是为了解决网络传输带宽资源而设计的，因此主要目标是压缩比和容错性，其次才是音质。

CD Audio 格式文件，扩展名 CDA。是唱片采用的格式，又叫"红皮书"格式，记录的是波形流，绝对的纯正、HIFI。但其缺点是无法编辑，文件占用空间太大。

MIDI 格式文件，扩展名 MID。是目前最成熟的音乐格式，实际上已经成为一种产业标准，其在科学性、兼容性、复杂程度等各方面已远远超过其他标准（除交响乐 CD、Unplug CD 外，其他 CD 往往都是利用 MIDI 制作出来的）。MIDI 能指挥各音乐设备的运转，而且具有统一的标准格式，能够模仿原始乐器的各种演奏技巧甚至无法演奏的效果，而且文件的长度非常小。

## 子任务2　了解常见数字视频文件格式及转换

 **知识导读**

"超级转换秀"除了具有强大的音频转换功能外，还具有强大的视频转换和编辑功能，支持将 AVI/VCD/SVCD/DVD/MPG/ASF/WMV/RM/RMVB/MOV/QT/MP4/MPEG4/3GP/SDP/YUV 等格式转换为 AVI/MPEG4/VCD/SVCD/DVD/MPG/WMV/RM/RMVB/MOV 等格式。其视频转换功能还支持不同音频文件和视频文件的混合合成转换、切割转换、驳接转换等，并支持批量转换处理。

### 步骤：

**步骤 1**　选择软件主界面顶部的"视频转换通"选项卡，单击"添加待转换视频"按钮，在弹出菜单中选择相应的添加方式，如图 1-18 所示。除此之外，还可以将视频文件直接用鼠标拖拉到"超级转换秀"中进行文件的添加。

**步骤 2**　单击"修改参数"按钮，转到"设置待转换的视频参数"设置界面，如图 1-19 所示。

**步骤 3**　可以对导出视频进行详细质量参数设置。在"转换后的格式"下拉列表框中，可以选择您需要导出的各种视频格式。格式选择好后，在参数设置区域相应的设置参数文本框就会被激活（没激活则表示不需要用户设置的参数），可以在这里对导出的视频文件进行详细参数设置（如不设置则使用软件默认的参数）。

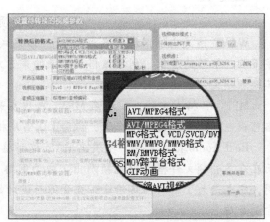

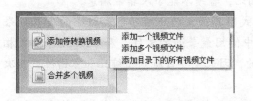

图1-18　添加待转换的视频文件　　　　　图1-19　设置待转换的视频参数

**注意**

在图1-19所示的"设置待转换的视频参数"界面右边的"视频缩放模式"中，可以对视频转换后的缩放模式进行设置。

保持比例不变（默认）：按照原视频尺寸大小比例缩放（不拉伸，不裁剪）。

全屏拉伸缩放适应：按照用户设置尺寸大小进行缩放（被拉伸，不裁剪）。

比例缩放适应：按照原视频尺寸进行比例缩放来适应用户设置的尺寸大小（不拉伸，但可能被裁剪）。

## 子任务3　数字图像文件的分类

 **知识导读**

计算机绘图分为位图（又称点阵图或栅格图像）和矢量图形两大类，这两种图形都被广泛应用到出版印刷以及互联网广告、娱乐（如Flash）等各方面，认识它们的特色和差异，有助于创建、编辑、输入、输出和应用数字图像。

位图图像和矢量图形没有好坏之分，只是用途不同而已。它们各有优缺点，而两者各自的好处几乎是无法相互替代的。位图与矢量图的区别如图1-20所示，请注意细节部分。

**1. 位图**

位图（bitmap），也叫做点阵图、栅格图像、像素图，是由像素构成的，像素的多少将决定位图图像的显示质量和文件大小，位图图像的分辨率越高，其显示越清晰，文件所占的空间也就越大。

构成位图的最小单位是像素，位图就是由像素阵列的排列来实现其显示效果的，每个像素有自己的颜色信息。在对位图图像进行编辑操作的时候，可操作的对象是每个像素，可以改变像素的色相、饱和度、明度，从而改变图像的显示效果。

举个例子来说，位图就像用小方块来拼图，从远处看时可以看出一个整体的画面效果，如果走近细看就会发现每个小方块的颜色属性都有所不同。处理位图实际上就是处理每个小方块。

位图图像的清晰度与分辨率有关。对位图图像进行放大时，放大的只是像素点，位图图像的四周会出现锯齿状。如图 1-21 所示是放大了 4 倍的位图效果。

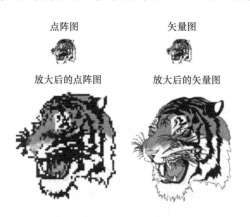

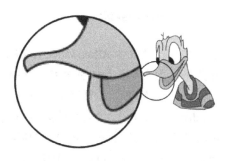

图 1-20　位图与矢量图的区别　　　　　图 1-21　位图被放大 4 倍后的效果

常用的处理和绘制位图的软件有 Adobe Photoshop、Corel Painter 等，对应的常见文件格式为 *.psd、*.tif、*.rif 等，另外还有 *.bmp、*.pcx、*.gif、*.jpg、*.tif 等。通常情况下，JPG 格式的图片文件量最小，这也是网页上常用到 JPG 图像的缘故。

**2. 矢量图**

一般情况下，我们说矢量图是由很多小点组成的，这里有个误区，很多人会误认为矢量图也是点阵图，但实际上矢量图并不像位图那样记录画面上每一点的信息，而是记录了元素形状及颜色的算法。打开一幅矢量图的时候，软件对图形对应的函数进行运算，将运算结果（图形的形状和颜色）显示出来。无论显示画面是大还是小，画面上的对象对应的算法是不变的，所以，即使对画面进行倍数相当大的缩放，其显示效果仍然相同（不失真）。这有点像气球上的图像，在未吹气和吹完气后，图像的清晰度不变（当然这只是个比方，计算机处理能力比这个要清晰的多）。

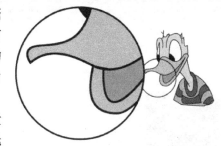

矢量图的清晰度与分辨率的大小无关。对矢量图进行缩放时，图形对象仍保持原有的清晰度和光滑度，不会发生任何偏差，如图 1-22 所示是放大了 4 倍的矢量图效果。

图 1-22　矢量图被放大 4 倍后的效果

常用的矢量图绘制软件有 Adobe Illustrator、Coreldraw、Freehand、Flash 等，对应的文件格式为 *.ai、*.eps、*.cdr、*.fh、*.fla、*.swf 等，另外还有 *.dwg、*.wmf、*.emf 等。

**信息卡**

像素（Pixel）：是用来计算数码影像的一种单位，若把影像放大数倍，会发现这些连续色调其实是由许多色彩相近的小方格所组成，而这些小方格就是构成影像的最小单位——像素。像素点越多，其拥有的色板也就越丰富，越能表达颜色的真实感。

分辨率：是单位长度内的像素点的数量。分辨率高低直接影响位图图像的效果，使用较高的分辨率则会增加文件的大小，并降低图像的打印速度。在图形图像处理软件中分辨率显示为：像素/英寸（ppi），而在一些设备中分辨率显示为：打印点数/英寸（dpi）。

## 子任务 4　流媒体文件格式

### 知识导读

视频文件转换软件 Allok Video to FLV Converter 是 Allok 公司出品的强力 FLV 转换器，支持将几乎所有主流视频格式转换为 FLV 格式。其可以转换的视频源文件格式包括：AVI 文件（*.avi）、MPEG 文件（*.mpeg，*.mpg，*.mpe，*.m1v，*.m2v）、DivX 视频（*.divx，*.div）、Xvid 视频（*.xvid）、Windows 视频文件（*.wmv，*.asf，*.asx）、OGM 文件（*.ogm）、MKV 文件（*.mkv）、Raw 视频文件（*.h261，*.h264，*.yuv，*.raw）、MJPEG 视频文件（*.mjpg，*.mjpeg）、3GPP 文件（*.3gp，*.3g2）、VOB 文件（*.vob）、VCD DAT 文件（*.dat）、RealMedia 文件（*.rm，*.rmvb）、QuickTime 文件（*.mov，*.qt）等。

### 步骤：

**步骤1**　双击 Allok Video to FLV Converter 的主程序图标，即可启动，界面如图 1-23 所示。

**步骤2**　单击工具栏上的"添加"按钮，在如图 1-24 所示的"添加媒体文件"对话框中指定需要转换的视频文件。

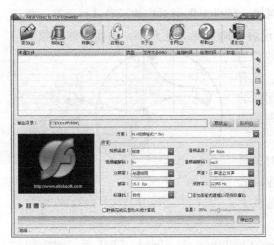

图 1-23　Allok Video to FIV Converter 主界面　　　图 1-24　"添加媒体文件"对话框

**步骤3**　在主界面下方可以直接设置输出目录、视频品质、分辨率、音频品质等参数，如图 1-25 所示。

**步骤4**　单击工具栏上的"转换"按钮，即可开始转换。

图 1-25　参数设置

# 任务 5　了解多媒体压缩技术

## 子任务 1　多媒体压缩技术概述

 **知识导读**

数据压缩技术是通过减少计算机中所存储的或者通信中传输的数据的冗余度，达到增大数据密度，最终使数据所需的存储空间减少的技术。数据压缩在文件存储和分布式系统领域有着十分广泛的应用。数据压缩也代表着尺寸媒介容量的增大和网络带宽的扩展。简而言之，数据压缩就是将字符串的一种表示方式转换为另一种表示方式，新的表示方式包含相同的信息量，但是长度比原来的方式尽可能短。

### 1. 多媒体数据压缩技术的必要性

计算机所要处理、传输和存储的多媒体对象包括数值、文字、语言、音乐、图形、动画、静态图像和电视视频图像等多种媒体元素，种类繁多，构成复杂。要使它们在模拟量和数字量之间进行自由转换，数字化信息的数据吞吐量十分庞大，无疑给存储器的存储、通信干线的信道传输以及计算机的处理都增加了极大压力。如果单纯靠扩大存储器容量、增加通信干线传输率等办法来解决问题是不现实的。通过数据压缩技术可以大大降低数据量，以压缩的形式存储和传输，既节约了存储空间，又提高了通信干线的传输效率，同时也使计算机得以实时处理音频、视频信息，保证播放出高质量的视频和音频节目。

### 2. 多媒体数据压缩技术的可能性

数据中间常存在一些多余成分，即冗余度。如在一份计算机文件中，某些符号会重复出现或比其他符号出现得更频繁、某些字符总是在各数据块中可预见的位置上出现等，这些冗余部分便可在数据编码中除去或减少。冗余度压缩是一个可逆过程，因此也叫做无失真压缩或保持型编码。数据尤其是相邻的数据之间，常存在着相关性，如图片中常有色彩均匀的背影，电视信号的相邻两帧之间可能只有少量的影物是不同的，声音信号有时具有一定的规律性和周期性等。因此，可以利用某些变换来尽可能地去掉这些相关性。但是，这种变换有时会带来不可恢复的损失和误差，因此叫做不可逆压缩或有失真编码、摘压缩等。此外，人们在欣赏音像节目时，由于耳、目对信号的时间变化和幅度变化的感受能力都有一定的极限，如人眼对影视节目有视觉暂留效应，故可将信号中感觉不出的分量压缩掉或掩蔽掉。数据冗余主要有时间冗余、空间冗余、结构冗余、知识冗余、视觉冗余、图像区域的相同性冗余、纹理的统计冗余等。由于数据冗余的存在，在对多媒体数据进行编码时，将冗余信息去掉并保留相互独立的信息分量，使得数据压缩编码成为可能。

**3. 数据压缩与编码**

数据压缩跟编码技术联系紧密，压缩的实质就是根据数据的内在联系将数据从一种编码映射为另一种编码。压缩前的数据要被划分为一个个的基本单元。基本单元既可以是单个字符，也可以是多个字符组成的字符串，称这些基本单元为源消息。源消息集映射的结果称为码字集。可见，压缩前的数据是源消息序列，压缩后的数据是码字序列。若定义"块"为固定长度的字符或字符串，"可变长"为长度可变的字符或字符串，则编码可分为块到块编码、块到可变长编码、可变长到块编码、可变长到可变长编码等。应用最广泛的 ASCII 编码就是块到块编码。

**4. 评价数据压缩的标准**

从实际应用来说，数据压缩可从两方面来衡量：数据压缩速度和数据压缩率。当数据压缩应用于网络传输时，主要考虑速度快慢；当数据压缩应用于数据存储时，主要考虑压缩率，即压缩后数据的大小。当然，这两方面是相辅相成的。常用的评价标准有冗余度、平均源信息长度、压缩率等。对于一种编码方式是否为较好的编码，主要看该编码的冗余度是否最小。

**5. 多媒体数据压缩算法的选择**

（1）文本数据的压缩　对文本数据而言，必须保证压缩的可靠性，故只能用无损法进行压缩。只有这样才能保证压缩前与解压后的信息不丢失，保证重要的数字、文字和符号的安全性。可采用的算法有 Huffman 编码、算术编码和 LZW 词典编码方法。

（2）静态图像数据的压缩　静态图像压缩技术主要是对空间信息进行压缩。图像压缩就是在没有明显失真的前提下，将图像的位图信息技术转变成另外一种能将数据量缩减的表达形式。首先，尽管图像中数据量很大，但可由一部分数据完全推算出来。其次，大部分图像视频信号的最终接收者都是人眼，而人类的视觉系统是一种高度复杂的系统，它能从极为杂乱的图像中抽象出有意义的信息，并以非常精炼的形式反映给大脑。人眼对图像中的不同部分的反应程度是不同的，如果去除图像中对人眼不敏感或意义不大的部分，对图像的主观质量是不会有很大影响的。正由于图像压缩的必要性和可能性，图像压缩编码研究成为一个越来越活跃的领域，其发展和应用也促进了许多有关国际标准的制定。

一般情况下，对静态图像文件用 JPEG 标准进行压缩。当 JPEG 标准的压缩率达到 20:1（即压缩 20 倍）时，图像基本不出现可见的失真。在损失一定图像信息的情况下，压缩可达到 100 倍左右。

（3）音频数据的压缩　在各种媒体信息中，语音信息的数据量较小，且基本压缩方法已经成熟。音频信号的编码方法有无损压缩和有损压缩法，无损压缩法主要是不引入任何数据失真的各种熵编码；有损压缩法有可分为波形编码、参数编码和同时利用这两种技术的混合编码方法。

波形编码利用采样和量化过程来表示音频信号的波形，使编码后的音频信号与原始信号的波形尽可能匹配。它主要根据人耳的听觉特性进行量化，以达到压缩数据库的目的。波形编码的特点是在较高压缩率的条件下可以获得高质量的音频信号，也适合于高保真语言和音乐信号。参数编码把音频信号表示成某种模型的输出，利用特征提取的方法抽取必要的模型参数和激励信号的信息，并对这些信息进行编码，最后在输出端合成原始信号。参数编码的压缩率很高，但计算量很大且保真度不高，适合于语音信号的编码。

（4）视频数据的压缩　视频压缩的主要根据在于：①运动图像无论在时间上还是在空间上都具有边界性，视频信号在时间与空间上存在大量冗余；②在图像变化不被人觉察的条件下，可以减少量化信号的灰度级，增加一定的客观失真率。

视频冗余存在于结构和统计两方面。在结构上的冗余度表现为很强的空间（帧内）和时间（帧间）相关性。一般情况下，画面的大部分区域信号变化缓慢，尤其是背景部分几乎不变。另外，人眼对图像的细节分辨率和对比度分辨率的感觉都有一定的界限。因此，可以在一定图像质量范围内，减少表示信号的精度，实现数据压缩。常用的视频压缩具体编码方法可分为三类：熵编码、预测编码和变换编码等，遵循的压缩标准是 MPEG。MPEG 压缩标准用于传输速率低于 64Mbit/s 的实时图像传输，可实现帧之间的压缩，其平均压缩比可达 50∶1，压缩率比较高，且又有统一的格式，兼容性好。MPEG 压缩标准包括 MPEG 视频、MPEG 音频和 MPEG 系统（视音频同步）三个部分。

## 子任务2　了解 JPEG 压缩编码技术

### 知识导读

JPEG 是 Joint Photographic Experts Group（联合影像专家小组）的缩写，称该小组研制的用于静态图像数据压缩的编码算法为 JPEG 算法。JPEG 算法是一种用于静止图像压缩的国际标准，它是国际上彩色、灰度、静止图像的第一个国际标准。JPEG 算法为静止图像的压缩提供了一种高效的方法。JPEG 算法的广泛应用有效地促进了静止图像的传递、存储技术的发展。

JPEG 算法的目的是给出一个适用于连续色调图像的压缩方法，使之满足以下要求：

1）达到或接近当前压缩比与图像保真度的技术水平，能覆盖一个较宽的图像质量等级范围，能达到"很好"或"极好"的评估，与原始图像相比，人眼难以区分。

2）能适用于任何种类的连续色调的图像，且长宽比都不受限制，同时也不受限于景物内容、图像的复杂程度和统计特征等。

3）计算的复杂性是可控制的，其软件可在各种 CPU 上完成，算法也可用硬件实现。

JPEG 算法具有以下 4 种操作方式：

1）顺序编码。每一个图像分量按从左到右、从上到下扫描，一次扫描完成编码。

2）累进编码。图像编码在多次扫描中完成。累进编码传输时间长，接收端收到的图像是多次扫描由粗糙到清晰的累进过程。

3）无失真编码。无失真编码方法可以保证解码后完全精确地恢复源图像的采样值，其压缩比低于有失真压缩编码方法。

4）分层编码。图像在多个空间分辨率进行编码，在信道传送速率低、接收端显示器分辨率较低的情况下，只需做低分辨率图像解码。

JPEG 开发了两种基本的压缩算法，一种是采用以离散余弦变换（Discrete Cosine Transform，DCT）为基础的有损压缩算法，另一种是采用以预测技术为基础的无损压缩算法。使用有损压缩算法时，在压缩比为 25：1 的情况下，压缩后还原得到的图像与原始图像相比较，非图像专家难于找出它们之间的区别，因此得到了广泛的应用。例如，在 VCD 和 DVD 图像压缩技术中，就使用 JPEG 的有损压缩算法来取消空间方向上的冗余数据。为了在保证图像质量的前提下进一步提高压缩比，近年来 JPEG 正在制定 JPEG-2000（简称 JP-2000）标准，这个标准中将采用小波变换（Wavelet）算法。

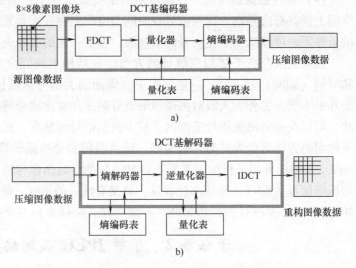

图 1-26　JPEG 压缩编码—解压缩算法框图
a）DCT 基压缩编码步骤　b）DCT 基解压缩步骤

JPEG 算法是有损压缩，它利用了人的视角系统的特性，使用量化和无损压缩编码相结合来去掉视角的冗余信息和数据本身的冗余信息。JPEG 算法框图如图 1-26 所示，压缩编码大致分成 3 个步骤：

1）使用正向离散余弦变换（Forward Discrete Cosine Transform，FDCT）把空间域表示的图变换成频率域表示的图。

2）使用加权函数对 DCT 系数进行量化，这个加权函数对于人的视觉系统是最佳的。

3）使用霍夫曼可变字长编码器对量化系数进行编码。

译码或者叫做解压缩的过程与压缩编码过程正好相反。

JPEG 算法与颜色空间无关，因此"RGB 到 YUV 变换"和"YUV 到 RGB 变换"不包含在 JPEG 算法中。JPEG 算法处理的彩色图像是单独的彩色分量图像，因此它可以压缩来自不同颜色空间的数据，如 RGB，YCbCr 和 CMYK。

JPEG 压缩编码算法的主要计算步骤如下：

1）正向离散余弦变换（FDCT）。

2）量化（Quantization）。

3）Z 字形编码（Zigzag Scan）。

4）使用差分脉冲编码调制（Differential Pulse Code Modulation，DPCM）对直流系数（DC）进行编码。

5）使用行程长度编码（Run-length Encoding，RLE）对交流系数（AC）进行编码。

6）熵编码（Entropy Coding）。

**信息卡**

### 常见的图像文件格式

位图文件（Bitmap File，BMP）格式是 Windows 采用的图像文件存储格式，在 Windows 环境下运行的所有图像处理软件都支持这种格式。Windows 3.0 以前的 BMP 位图文件格式与显示设备有关，因此把它称为设备相关位图（Device-dependent Bitmap，DDB）格式。Windows 3.0 以后的 BMP 位图文件格式与显示设备无关，因此把这种 BMP 位图文件格式称为设备无关位图（Device-independent Bitmap，DIB）格式，目的是为了让 Windows 能够在任何类型的显示设备上显示 BMP 位图文件。位图文件默认的文件扩展名是 bmp。

GIF（Graphics Interchange Format）是 CompuServe 公司开发的图像文件存储格式。GIF 文件采用了 LZW（Lempel-Ziv & Walch）压缩算法来存储图像数据，定义了允许用户为图像设置背景的透明（Transparency）属性。此外，GIF 文件可在一个文件中存放多幅彩色图形/图像。如果在 GIF 文件中存放有多幅图像，它们可以像演幻灯片那样显示或者像动画那样演示。

JPEG 是利用 DCT 压缩技术来存储静态图像的文件格式。它将每个图像分割为许多 $8 \times 8$ 像素大小的方块，再针对每个小方块做压缩操作，经过复杂的 DCT 压缩过程，所产生出来的图像文件可以达到 30:1 的压缩比，但是付出的代价却是某些程度的失真，但这种失真是人眼所无法察觉的，属于有损压缩。JPEG 格式图像是目前所有格式中压缩率最高的一种，被广泛应用于网络图像的传输中。JPEG 文件格式可以支持全彩（24 位、16,777,216 色）图像，图像大小可以达到 65,535 × 65,535 像素。此外，各家图像处理公司也开发出不同形式、可以支持动态图像的 JPEG 图像格式。

PNG 是 20 世纪 90 年代中期开始出现的图像文件存储格式，其目的是替代 GIF 和 TIFF 文件格式，同时增加一些 GIF 文件格式所不具备的特性。PNG（Portable Network Graphic Format，流式网络图形格式）的名称来源于非官方的"PNG's Not GIF"，是一种位图文件存储格式，读成"ping"。PNG 用来存储灰度图像时，灰度图像的深度可多到 16 位，存储彩色图像时，彩色图像的深度可多到 48 位，并且还可存储多达 16 位的 α 通道数据。PNG 使用从 LZ77 派生的无损数据压缩算法。

## 子任务 3　了解 MPEG 压缩编码技术

### 1. MPEG-1 标准

MPEG（Moving Picture Experts Group，运动图像专家小组）是国际标准化组织下的一个制定动态视频压缩编码标准的组织，其活动开始于 1988 年，目标是要在 1990 年建立一个标准的草案。MPEG 和 JPEG 两个专家小组都是在 ISO 领导下的专家小组，其小组成员也有很大的交叠。MPEG 专家小组的研究内容，不仅仅限于数字视频压缩，音频及音频和视频的同步问题都不能脱离视频压缩独立进行。MPEG-1 视频是面向比特率大约在 1.5Mbit/s 的视频信号的压缩，MPEG-1 音频是面向每通道速率为 64Kbit/s，128Kbit/s 和

192Kbit/s 的视频信号的压缩。简而言之，MPEG-1 是将数字视频信号和其相伴随的音频信号在一个可以接受的质量下，压缩到比特率为 1.5Mbit/s 的一个 MPEG 单一比特流。

MPEG-1 的标准号为 ISO/IEC11172，标准名称为"信息技术——用于数据速率高达大约 1.5Mbit/s 的数字存储媒体的电视图像和半音编码"。它已于 1992 年底正被 ISO/IEC 纳取，由以下 5 部分组成：

1）MPEG 系统（MPEG-1 Systems），规定电视图像数据、声音数据及其相关数据的同步，标准名是 ISO/IEC 11172-1。

2）MPEG-1 电视图像（MPEG-1 Video），规定电视数据的编码和解码，标准名为 ISO/IEC11172-2。

3）MPEG-1 声音（MPEG-1 Audio）规定声音数据的解码和编码，标准名为 ISO/IEC11172-3。

4）MPEG-1 一致性测试（MPEG-1 Conformance Testing），标准名为 ISO/IEC 11172-4。

5）MPEG-1 软件模拟（MPEG-1 Software Simulation），标准名为 ISO/IEC 11172-5。

MPEG 为视频压缩编码技术的标准化、实用化做出了巨大贡献。如针对 CD-ROM 的 1.5Mbit/s 传输速率的 MPEG-1、针对 HDTV 的 6Mbit/s 以上传输速率的 MPEG-2 都已成功地得到应用，并创造了巨大的商业价值。MPEG-4 是针对视频会议、可视电话的甚低速率编码标准，它融入了基于内容的检索与编码，可对压缩数据内容直接访问。即将于 2001 年制定完毕的 MPEG-7 标准被称为"多媒体内容描述接口"，这种标准化的描述可以加到任何类型的媒体信息上。不管视频信息的表达形式或压缩形式如何，具有这种标准化描述的多媒体数据均可被检索。

**2. MPEG 视频压缩算法的基本原理**

一般说来，在帧内以及帧与帧之间，众多的视频序列均包含很大的统计冗余度和主观冗余度。MPEG 视频压缩算法的最终目标是通过挖掘统计冗余度和主观冗余度，来降低存储和传送视频信息所需的比特率，并采用熵编码技术，以便编制出"最小信息组"。它是一个实用的编码方案，是在编码特性（具有足够质量的高压缩）与实施复杂性之间的一种折衷。

MPEG 数字视频编码技术实质上是一种统计方法。其所依赖的基本统计特性为像素之间（Interpel）的相关性，这里包含这样一个假设：即在各连续帧之间存在简单的相关性平移运动。

这里假定：一个特殊画面上的像素量值，可以（采用帧内编码技术）根据同帧附近像素来加以预测，或者可以（采用帧间技术）根据附件帧中的像素来加以预测。直觉告诉我们，在某些场合，如一个视频序列镜头变化时，各附近帧中像素之间的时间相关性就很小，甚至消失，这时，该视频镜头就成为一组无相关性的静止画面的组合。

在这种情况下，可采用帧内编码技术来开发空间相关性，以实现有效的数据压缩，MPEG 压缩算法采用离散余弦变换（DCT）编码技术，以 8×8 像素的画面块为单位，有效地开发同一画面各附近像素之间的空间相关性。然而，若附近帧中各像素间具有较大的相关性时，也就是说两个连续帧的内容很相似或相同时，就可以采用应用时间预测（帧间的运动补偿预测）的帧间差值编码（DPCM）技术。在多种 MPEG 视频编码方案中，若将时间运动补偿预测中剩余空间信息的变换码自适应地结合起来，就能实现数据的高压缩（视频的 DPCM/DCT 混合编码）。

这个假设的简单模式已包括了许多"典型"画面的一些基本的相关特性，也就是指相邻像素间的高度相关性，以及随着像素间距的增大相关性的单值衰减特性。我们以后将利用这一模式来展示变换区域编码的一些特性。一些"典型"画面的像素间的空间相关性，是应用具有高度像素间相关性的 AR（1）GaussMarkov 画面模式来加以计算的。

### 3. 其他 MPEG 标准

（1）MPEF-2 标准　MPEG-2 标准制定于 1994 年，设计目标是达到高级工业标准的图像质量以及更高的传输率。MPEG-2 所能提供的传输率在 3～10Mbit/s 之间，在 NTSC 制式下的分辨率可达 720×486 像素，在 PAL 制式下是 720×576 像素。MPEG-2 能够提供广播级的视频图像和 CD 级的音质。MPEG-2 的音频编码可提供左、右及两个环绕声道，以及一个加重低音声道和多达七个伴音声道。MPEG-2 的另一特点是，可提供一个较广范围的可变压缩比，以适应不同的画面质量、存储容量以及带宽的要求。

MPEG-2 标准的主要应用如下：

1）视音频资料的保存。

2）非线形编辑系统及非线形编辑网络。

3）卫星传输。

4）电视节目的播出。

（2）MPEG-4 标准　继成功定义 MPEG-1 和 MPEG-2 标准之后，MPEG 的专家们又推出 MPEG-4 标准。实际上，数字化电视、交互式图形应用及 WWW（万维网）这 3 个领域的成功促进 MPEG-4 的诞生。MPEG-4 旨在为视频、音频数据的通信、存取与管理提供一个灵活的框架与一套开放的编码工具。这些工具将支持大量的应用功能（新的和传统的）。值得关注的是，MPEG-4 提供的多种视、音频（自然的与合成的）的编码模式使图像或视频、音频中对象的存取大为便利。这种视频、音频对象的存取常被称作基于内容的存取，基于内存的检索是它的一种特殊形式。

（3）MPEF-7 标准　准确地说，MPEG-7 并不是一种压缩编码方法，而是一个多媒体内容描述接口。继 MPEG-4 之后，要解决的矛盾就是对日渐庞大的图像、声音信息的管理和迅速搜索。MPEG-7 就是针对这个矛盾的解决方案。MPEG-7 力求能够快速且有效地搜索出用户所需的不同类型的多媒体影像资料。

（4）MPEG-21 标准　MPEG-21 标准的正式名称为 Multimedia Framework，其目的是建立一个规范且开放的多媒体传输平台，让所有的多媒体播放装置都能透过此平台接收多媒体资料。使用者可以利用各种装置，透过各种网络环境去取得多媒体内容，而无须知道多媒体资料的压缩方式及使用的网络环境。同样的，多媒体内容提供者或服务业者也不会受限于使用者的装置及网络环境，针对多种不同压缩方法来提供多媒体内容。该标准正是致力于在大范围的网络上实现透明的传输和针对多媒体资源的充分利用。

## 学 材 小 结

本模块主要介绍了多媒体技术的基本知识。学生在学习过程中要了解多媒体系统的基本概念，包括硬件和常用软件；掌握多媒体技术的基本知识，包括音频技术、视频技术、虚拟现实技术、压缩编码技术等；重点掌握多媒体常用文件格式及转换，主要为音视频文件的转换；了解多媒体压缩技术，包括 JPEG 压缩编码技术、MPEG 压缩编码技术等。

**理论知识**

**一、填空题**

1. 文本、声音、_____、_____和_____等信息的载体中的两个或多个的组合称为多媒体。

2. 多媒体技术具有_____、_____、_____和高质量等特性。

3. 音频主要分为_____和_____。

4. 目前常用的压缩编码方法分为两类：_____和_____。

5. Windows 中最常用的图像文件格式是_____、_____、_____、_____。

6. 一帧画面由若干个像素组成，在每一帧内的相邻像素之间相关性很大，有很大的信息冗余，称为_____。

**二、单项选择题**

1. 下列属于多媒体技术发展方向的是（　　）。

　（1）简单化，便于操作　　　　　　　（2）高速度化，缩短处理时间

　（3）高分辨率，提高显示质量　　　　（4）智能化，提高信息识别能力

　A.（1）（2）（3）　　　　　　　　　　B.（1）（2）（4）

　C.（1）（3）（4）　　　　　　　　　　D. 全部

2. 多媒体技术的主要特性有（　　）。

　（1）多样性　　　　　　　　　　　　（2）集成性

　（3）交互性　　　　　　　　　　　　（4）实时性

　A. 仅（1）　　　　　　　　　　　　　B.（1）（2）

　C.（1）（2）（3）　　　　　　　　　　D. 全部

3. 根据多媒体的特性，以下属于多媒体范畴的是（　　）。

　（1）交互式视频游戏　　　　　　　　（2）有声图书

　（3）彩色画报　　　　　　　　　　　（4）彩色电视

　A. 仅（1）　　　　　　　　　　　　　B.（1），（2）

　C.（1），（2），（3）　　　　　　　　D. 全部

4. 衡量数据压缩技术性能好坏的重要指标是（　　）。

　（1）压缩比　　　　　　　　　　　　（2）标准化

　（3）恢复效果　　　　　　　　　　　（4）算法复杂度

　A.（1）（3）　　　　　　　　　　　　B.（1）（2）（3）

　C.（1）（3）（4）　　　　　　　　　　D. 全部

5. 在数字视频信息获取与处理过程中，下述顺序中（　　）是正确的。

　A. A/D 变换、采样、压缩、存储、解压缩、D/A 变换

　B. 采样、压缩、A/D 变换、存储、解压缩、D/A 变换

　C. 采样、A/D 变换、压缩、存储、解压缩、D/A 变换

D. 采样、D/A 变换、压缩、存储、解压缩、A/D 变换

6. 下列关于数码相机的叙述正确的是（　　　）。

（1）数码相机的关键部件是 CCD。

（2）数码相机有内部存储介质。

（3）数码相机拍照的图像可以通过串行口、SCSI 或 USB 接口送到计算机。

（4）数码相机输出的是数字或模拟数据。

A. 仅（1）        B.（1），（2）

C.（1），（2），（3）     D. 全部

三、简答题

1. 多媒体数据具有哪些特点？

2. 简述 JPEG 和 MPEG 的主要差别。

# 模块 2

## 本模块导读

　　多媒体音频技术的发展使得多媒体应用系统变得更加丰富多彩。在多媒体系统中，音频主要应用在输入和输出两大模块中。本模块主要介绍常用的多媒体音频文件格式及它们之间的相互转换，声音的采集与处理以及音频信息处理软件的使用。

　　通过本模块的学习，应该掌握不同文件格式的音频的转换，学会如何采集声音文件，如何将模拟信号变成数字信号，以及使用音频软件处理声音文件。

## 本模块要点

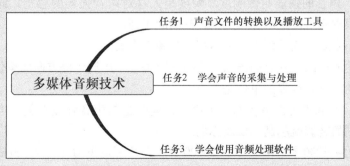

# 任务1 声音文件的转换以及播放工具

 **知识导读**

听觉是人类感知的重要组成部分,而其对象载体——声音则是人们日常生活中交流的重要方式。声音是多媒体技术中的重要组成部分,在大多数的情况下,它关系着一个多媒体制作产品的成败。举一个简单的例子:选择一部经典的恐怖片,找到其中最让人感到恐怖的片段,在打开及关掉音效的情况下各欣赏一遍,通过对比就可以看出声音在其中起到的作用。

**1. 声音的概念**

物体的振动产生"声",振动的传播形成"音"。人们通过听觉器官感受声音,声音是物理现象,人对不同的声音有不同的感受,对相同声音的感受也会因人而异。美妙的音乐令人陶醉,清晰激昂的演讲令人鼓舞,但有时候,邻居传来的音乐声使人难以入睡,他人之间的甜言蜜语也许令人烦恼。声音的处理在于环境,只有掌握好了环境才能表达出想要的意境。

**2. 声音的特征**

声音具有音色、响度、音调三大要素。

(1)音色 音色是声音的特色。即使在同一音高和同一声音强度的情况下,根据音色的不同,也能区分出是不同乐器或人发出的声音。同样的音量配上不同的音色,就好比同样色度和明度配上不同的色相的感觉一样。

声音是由发声的物体震动产生的,当其整体震动时发出基音,同时各部分也产生复合的震动,各部分震动产生的声音组合成泛音。音色的不同取决于泛音的不同,即不同的乐器、人或者任何能发声的物体发出的声音,除了一个基音外,还有许多不同频率的泛音伴随,正是这些泛音决定了其不同的音色,使人能辨别出是不同的乐器或不同的人发出的声音。

(2)响度 声音的强弱叫做响度。响度是人耳对声音强弱的感觉,即人所听到声音响亮的程度,根据它可以把声音排成由轻到响的序列。

响度的大小主要依赖于声强,也与声音的频率有关。

声波所到达的空间某一点的声强,是指该点垂直于声波传播方向的单位面积上,在单位时间内通过的声能。声强的单位是 $W/m^2$。

(3)音调 音调主要由声音的频率决定,同时也与声音强度有关。声波的振动频率越高,人耳听到的音调就越高,反之亦然。

人耳正常的听觉频率范围是 20~20000Hz。人耳耳道类似一个 2~3cm 的小管,由于频率共振的原因,在 2000~3000Hz 的范围内声音被增强,这一频率段在语言中的辅音中占主导地位,有利于人听清语言和交流,但人耳最先老化的频率也在这个范围内。一般认为,500Hz 以下为低频,500~2000Hz 为中频,2000Hz 以上为高频。语言的频率范围主要集中在中频。人耳听觉的敏感性由于频率的不同而有所不同,频率越低或越高时敏感度越差，也就是说，同样大小的声音，中频听起来要比低频和高频的声音响。

## 子任务1　了解声音文件

 **知识导读**

生活中的声音是连续的波，通过传声器可以将声音模拟成时间和幅度都连续的电信号，这就是声音的模拟量。为了将声音转化为计算机可以识别的信号，就需要将这些模拟量转换为数字模式。声音文件就是这种数字化后的结果。

声音文件大致可以分为波形音频文件和 MIDI 音频文件两大类。

**1. 波形音频文件**

波形音频文件以记录声音的波形特征为主要手段，通过将声音的波形频率、幅度等特征量化为二进制数字信息，从而把声音存储到计算机上。

波形音频文件主要有以下几个特点：

1）通用性强。由于是记录声音的波形特征，所以只要是声音就可以通过工具将其转换为波形音频文件。

2）文件相对较大。波形音频文件是通过记录声音波形的特征来进行数字化的。越是复杂的声音，其声波越是复杂，要想尽量完全地重现这些声音就需要加大采集的频率。相应的，在同一个时间点上，得到的数字信号就越多，文件也就越大。

波形音频文件是现在主流的声音文件，常用的有 WAV 文件、MP3 文件、WMA 文件、RealAudio 文件等。

WAV 文件是微软公司开发的一种声音文件格式，用于保存 Windows 平台的音频信息资源，被 Windows 平台及其应用程序所广泛支持。WAV 文件来源于对声音波形的采样，以不同的量化数把采集到的采样点的数值转化为二进制数后存储到磁盘中形成波形音频文件。

WAV 文件作为多媒体中使用的声波文件格式之一，是以 RIFF 格式为标准的。RIFF 是 Resource Interchange File Format（资源互换文件格式）的缩写，每个 WAV 文件的头四个字节便是"RIFF"。WAV 文件由文件头和数据体两大部分组成。文件头又分为 RIFF/WAV 文件标识段和声音数据格式说明段两部分。其中，WAV 文件标识段记录了语音特征值、声道特征值以及 PCM 格式类型标志等信息（详见表2-1）；数据体则包含了数据子块标记、数据子块长度和波形音频数据等重要信息。

仿照表2-1 可以读懂 WAV 文件的文件头，如"52 49 46 46 BE 1C 0C 03 57 41 56 45 66 6D 74 20 10 00 00 00 01 00 02 00 44 AC 00 10 B1 02 00 04 00 10 00 64 61 74 61 00 0C 0C 03 00 00 00…"，头4位"52 49 46 46"是 RIFF 标志的 ASCII 码，表示是以 RIFF 格式为标准的音频文件；"BE 1C 0C 03"表示当前文件的长度为51125438 字节；"57 41 56 45"表明这是一个 WAV 文件；"66 6D 74 20"表明"fmt"，即"fmt"标志；"10 00 00 00"是过渡字节；"01 00"是 WAV 文件具体的格式类别；"02 00"表示是双声道。如果能读懂 WAV 文件的头文件，则在某些缺少工具的情况下，可以根据具体情况来对 WAV 文件进行调整。

**表 2-1　WAV 文件文件头**

| 文件头地址 | 字　节 | 数据类型 | 内　　容 |
|---|---|---|---|
| 0 | 4 | char | "RIFF" 标志 |
| 4 | 4 | long | int 文件长度 |
| 8 | 4 | char | "WAV" 标志 |
| 0C | 4 | char | "fmt" 标志 |
| 10 | 4 | | 过渡字节（不定） |
| 14 | 2 | int | 格式类别（10H 为 PCM 形式的声音数据） |
| 16 | 2 | int | 单声道为1，双声道为2 通道数 |
| 18 | 2 | int | 采样率（每秒样本数），表示每个通道的播放速度 |
| 1C | 4 | long | 波形音频数据传送速率，其值为通道数×每秒数据位数×每样本的数据位数/8，播放软件利用此值可以估计缓冲区的大小 |
| 22 | 2 | | 每样本的数据位数，表示每个声道中各个样本的数据位数，如果有多个声道，对每个声道而言，样本大小都一样 |

　　WAV 文件格式支持 MSADPCM、CCITT A-Law 等多种压缩算法，支持多种音频位数、采样频率和声道。标准格式的 WAV 文件和 CD 格式一样，也是 44.1Kbit/s 的采样频率，速率为 88Kbit/s，16 位量化位数。WAV 格式的声音文件质量和 CD 相差无几，也是目前个人计算机上广为流行的声音文件格式，几乎所有的音频编辑软件都"认识"WAV 格式。

　　从 WAV 文件可以看到，正是由于文件格式有所区别，所以不同的音频文件要不同的播放器才能识别和播放。

**2. MIDI 音频文件**

　　MIDI 是 Musical Instrument Digital Interface 的缩写，中文名称为"音乐设备数字接口"。它是一种电子乐器之间以及电子乐器与计算机之间交流的统一协议。通过这个协议，各种 MIDI 设备都可以准确传送 MIDI 信息。

　　MIDI 音频文件主要有以下几个特点：

　　1）体积小。由于 MIDI 文件本身不包含流媒体信息，因此文件体积较小，但如果声卡的转换效果不错，音质也相当的好。

　　2）适用范围窄。由于 MIDI 文件不是实质意义上的声音波形记录文件，所以它只适用于电子乐器的声音记录。

　　(1) MIDI 音频文件的组成　MIDI 文件可以看成是各个乐器的代码的集合序列。比如说，小号演奏 G 大调 7 的声音在 MIDI 文件中规定用 A 来表示（实际当中并不一定是 A，只是方便举例理解），那么在一个 MIDI 文件中当遇到 A 的时候，计算机就会从声卡里找到小号演奏 G 大调 7 的声音来播放。因为 MIDI 文件是一个指令序列，而不是记录波形的数据文件，所以它需要的磁盘空间非常少。MIDI 文件的另一个优点是对 MIDI 数据的编辑和修改非常灵活，可以方便地增加或删除某个音符，或者改变音符的属性。

　　MIDI 文件中包含音符、定时和多达 16 个通道的演奏定义，包括每个通道的演奏音符信息：键通道号、音长、音量和击键力度等与声乐音符有关的信息。通俗地说，MIDI 文件由定义和产生乐曲的 MIDI 信息和数据序列组成。

　　(2) MIDI 的工作过程　MIDI 技术的核心部分是一个被称为序列器的软件。这个软件即可以装到个人计算机里，也可集成在一个专门的硬件里。序列器实际上是一个音乐词处理器（Wordporcessor），应用它可以记录、播放和编辑各种不同 MIDI 乐器演奏出的乐曲。序列器并不真正地记录声音，它只记录和播放 MIDI 信息，这些信息来自 MIDI 乐器记录的数据。MIDI 就像印在纸上的乐谱一样，它本身不能直接产生音乐，但是它包含有如何产生音乐所需的所有指令，如用什么乐器、奏什么音符、奏得多快、奏得力度多强等。

序列器的作用过程完全与专业录音棚里多轨录音机一样，可以把许多独立的声音进行记录，其区别仅仅是序列器只记录演奏时的 MIDI 数据，而不记录声音；它可以一轨一轨地进行录制，也可以一轨一轨地进行修改。当弹键盘音乐时，序列器记录下从键盘传输来的 MIDI 数据。一旦把所需要的数据存储下来以后，就可以播放刚作好的曲子。当编辑好一个声部的曲子以后，还可以把别的声部再加上去，新加上去的声部播放时将完全与第一道声部同步。

作为单独设备的序列器，音轨数相对少一些，大概 8~16 轨，而作为计算机软件的序列器有几乎多达 50000 个音符，64~200 轨以上。

序列器与磁带不同，它只受到硬件有效的 RAM（Random Access Memory，随机存储器）和存储容量的限制，所以在进行作曲、配器根本用不着担心"磁带"不够用。MIDI 技术的一大优点就是它传输并存储在计算机里的数据量相当小。一个包含有一分钟立体声的数字波形音频文件需要约 10M 的存储空间，而一分钟的 MIDI 音乐文件只有 2KB。这也意味着，在乐器与计算机之间的数据传输量是很低的，即使是较低端的计算机也能运行和记录 MIDI 文件。

通过使用 MIDI 序列器可以大大地降低作曲和配器成本，根本用不着庞大的乐队在录音棚里一个声部一个声部的录制，只需要用录音棚里的计算机或键盘，把存储在键盘里的 MIDI 序列器的各个声部的全部信息输入到录音机上即可。

MIDI 技术的产生与应用，大大降低了乐曲的创作成本，节省了大量乐队演奏人员的各项开支，缩短了在录音棚的工作时间，提高了工作效率。一整台电视文艺晚会的作曲、配器、录音，只需要一位音乐编导和一位录音师即可完成。

需要注意的是，无论是波形音频文件还是 MIDI 音频文件，都不可能完美的再现原声，只能无限的接近原声。

## 子任务 2  学会声音文件的转换与播放工具的使用

波形音频文件由于算法和技术的不同又包含多种文件格式，而不同格式的音频文件需要不同的播放器。为了解决这个问题，就需要在处理来源各异的音频文件时，使用音频转换工具。

本任务中将主要使用专业音频编辑工具 Cool Edit Pro 来对不同格式的音频文件进行转换。

**步骤：**

**步骤 1**  Cool Edit Pro 的基本界面如图 2-1 所示。在菜单栏上选择"File"→"Open File"命令，在打开的对话框中选择"美丽的神话 . MP3"文件。

值得注意的是，在 Cool Edit Pro 中默认的文件类型是 WAV 文件，如果要看到其他类型的文件，需要在"文件类型"下拉列表框中选择"All files（＊.＊）"项，如图2-2所示。

**步骤2** 单击工具栏中的"另存为"按钮，将弹出保存文件对话框。在"保存类型"下拉列表框中选择需要转换的文件格式，再单击"保存"按钮，即可对文件进行类型转换并保存，如图2-3所示。

**步骤3** 打开转换后的"美丽的神话.wav"文件，单击界面左下侧的"Play"按钮，就可以听到转换后的效果，如图2-4所示。

图2-1  Cool Edit Pro的基本界面

图2-2  选择打开的文件类型

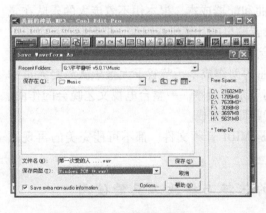

图2-3  转换并保存文件

图2-4  播放音频文件

Cool Edit Pro是一个很强大的音频编辑软件，它可以编辑和合成多种格式的音频文件。本任务的主要目的是让音频制作者对专业音频编辑软件有初步的了解。

# 任务2  学会声音的采集与处理

 知识导读

声音是人类感知并认识自然的重要媒介。山林的风声、大海的浪声、农家小院的鸡犬之声是大自然赋予人们的享受；现代社会中，音乐会的乐曲声、歌唱声给紧张忙碌的人们以舒缓的心情；而工厂机械的轰鸣声、马路上汽车的嘈杂声却又是损害人们身心健康的罪魁祸首。

声音在物理学上称为声波，是通过一定介质（如空气、水等）传播的连续的振动的波。声波引起某处媒质压强的变化，称为该处的声压。声音的强弱体现在声波的振幅上，音调的高低体现在声波的周期和频率上。

声波是随时间而连续变化的物理量，通过能量转换装置，可用随声波变化而改变的电压或电流信号来模拟，利用模拟电压的幅度可以表示声音的强弱。但这些模拟量难以被计算机保存和处理。因此，必须先把模拟声音信号经过模/数（A/D）转换电路转换成数字信号，然后由计算机进行处理；处理后的数据再由数/模（D/A）转换电路还原成模拟信号，再放大输出到扬声器或其他设备，这就是音频数字化的处理过程。

在计算机中声音文件的来源有多种，有的是通过声卡采集而来，有的是通过已经存在的声音文件转化而来。

## 子任务1 创作的源头——声音信号的采集

### 步骤：

**步骤1** 设置声卡。

（1）双击任务栏右侧的"音量"图标，打开"主音量"控制面板。

（2）选择"选项"→"属性"打开"属性"对话框，如图2-5所示。

（3）在"混音器"下拉列表框中选择带有"Input"的选项。

（4）在"显示下列音量控制"选项栏中选择有关音频录入的选项。其中，"CD音量"项代表CD声音录入控制；"麦克风音量"项代表话筒的声音录入控制；"线路音量"项代表用音频线录入的控制。

（5）在"录音控制"面板中对设置好的几个选项进行调节，如图2-6所示。

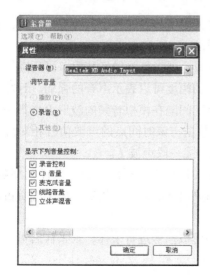

图2-5 "属性"对话框

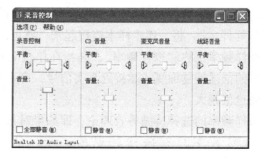

图2-6 "录音控制"面板

**注意**

录音音量的调节，依具体情况不同而不同。比如说，使用传声器进行语音录入的时候，过低的音量虽然可以有效地减少噪声，但是也会使得主效果音的效果降低。

**步骤 2** 使用 Windows 操作系统自带录音软件采集声音。

（1）选择"开始"→"程序"→"附件"→"娱乐"→"录音机"命令，打开 Windows 操作系统自带的录音软件。

（2）选择"文件"→"属性"命令，打开"声音的属性"对话框。单击"立即转换"按钮，打开"声音选定"对话框，在"格式"和"属性"下拉列表框中对即将录音的文件格式进行调整，如图 2-7 所示。

（3）单击录音机上的"录音"按钮，同时使用传声器进行诗文朗诵。朗诵结束后，单击"停止"按钮，保存文件即可。

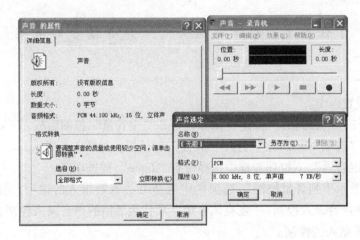

图 2-7　设定录音机文件格式及属性

　　想要录制一款出色的音频文件，首先需要制作人对所涉及的各个参数有所了解，其中首先需要理解的就是计算机是如何对音频进行采样的。

　　上文中提到，声波是随时间而连续变化的物理量，通过能量转换装置，可用随声波变化而改变的电压或电流信号来模拟，利用模拟电压的幅度可以表示声音的强弱。计算机首先将声波转换成对应的模拟电波，然后每隔一定时间间隔在模拟音频的波形上采集一个幅度值，这一过程称为"采样"。每个采样所获得的数据与该时间点的声波信号相对应，称为"采样样本"。将一连串样本连接起来，就可以描述一段声波了。

　　采样频率也称"取样频率"，是指在单位时间（1s）内采样的次数。采样频率越高，对信号的描述就越细腻，越接近真实信号，声音回放出来的效果也越好，但文件所占的存储空间也就越大。

　　采样频率的选择遵循香农理论，即如果对某一模拟信号进行采样，则采样后可还原的最高信号频率只有采样频率的一半。常用的采样频率有 44.1kHz、22.05kHz、11.25kHz 等。

　　然而仅仅通过采样得到的数据序列还无法被计算机所存储。经过因为这个样本是模拟音频的离散点，还是用模拟数值所表示的。为了把采样得到的离散序列信号存入计算机，必须将其转换为二进制数字表示，这一过程称为"量化编码"。

量化的过程是先将整个幅度划分成有限个小幅度（称为"量化阶距"）的集合，把落入某个阶距内的采样值归为一类，并赋予相同的量化值。

采样得到的样本需要量化，所谓的量化位数也称"量化精度"，是描述每个采样点样本值的二进制位数。例如，对一个声波进行 8 次采样，采样点对应的能量值分别为 A1～A8，如果只使用 2bit 二进制值来表示这些数据，结果只能保留 A1～A8 这 8 个点中 4 个点的值而舍弃另外 4 个。如果选择用 3bit 数值来表示，则刚好记录下 8 个点的所有信息。这里的 3bit 实际上就是量化位数。

8bit 量化位数表示每个采样值可以用 2 的 8 次，即 256 个不同的量化位之一来表示，而 16bit 量化位数表示每个采样值可以用 2 的 16 次，即 65536 个不同的量化值之一来表示。常用的量化位数为 8、12 及 16bit。量化位数的大小决定了声音的动态范围，量化位数越高音质越好，数据量也越大。

在声音的录制中还存在一个常用参数——声道数，即声音通道的个数，指一次采样里记录产生的声音波形个数。声道有单声道和立体声之分。记录声音时，如果每次生成一个声波数据则称为单声道，如果每次生成两个或两个以上的声波数据，则称为多声道，也称立体声。立体声听起来比单声道优美，但需要多倍于单声道的存储空间。

通过对上述几个影响声音数字化质量因素的分析，可以得出声音数字化数据量的计算公式：

声音数据化的数据量 = 采样频率（Hz）× 量化位数（bit）× 声道数/8（B/s）× 时间（s）

例如，用 44.1kHz 的采样频率进行采样，量化位数选用 16bit，则录制 1s 的立体声节目，其波形文件所需的存储量为：$44100 \times 16 \times 2/8 \times 1 = 176400B$。因此，一般在多媒体制作中，还需要进行声音的压缩。

由前所述，经过采样、量化及编码，就可以把模拟声音信号转换为数字音频存储到计算机中。

不同的音频信息有着不同的分类，按照应用的场合不同，可以将音频文件分为语音、音效及音乐等。

1）语音。语音是人类发音器官发出的具有区别意义功能的声音。语音的物理基础主要有音高、音强、音长、音质，这也是构成语音的四要素。音高指声波频率，即每秒振动次数的多少；音强指声波振幅的大小；音长指声波振动持续时间的长短，也称为"时长"；音色指声音的特色和本质，也称为"音质"。获得语音的方法为利用传声器和录音软件把语音（如解说词）录入计算机中。

2）音效。音效是指有特殊效果的声音，如汽车发动机的声音、鼓掌声、打碎碗及玻璃的声音等。

3）音乐。音乐是指有旋律的乐曲。

语音、音效及音乐由于发声的频率不同，在采集的时候要根据各自的特点(见表 2-2)进行采样才能得到想要的效果。

表 2-2　声音采集参考表

| 采样频率 | 声音质量 | 适用内容 |
|---|---|---|
| 44kHz 以上 | 高质量音频声 | 记录对音质要求非常高的素材 |
| 44kHz | CD 质量音频 | 人们在 CD 上所听到的高保真音乐与声音 |
| 32kHz ~ 37.8kHz | 调频广播 | 调频广播所要求的音质，或数码摄像伴音 |
| 22kHz | 广播音频 | 一般的广播所要求的音质，或较短的高音质音乐 |
| 11kHz | 宽带音频 | 一般的音乐或高质量语音 |
| 8kHz | 电话语音 | 简单的声音交流所需音质 |

**步骤 3**　使用专业音频软件 Cool Edit Pro 采集诗朗诵。

（1）单击 Cool Edit Pro 主界面中的"打开"按钮，在"New Waveform"对话框中选取所需的录音属性参数。参照表 2-2，由于采集的是诗朗诵，所以采样频率定为"11025Hz"，声道定为"立体声"（Stereo），量化位数为"8bit"，如图 2-8 所示。

（2）单击主界面左下的"录音"按钮，开始录音，界面中将会出现所录制声音的波形，这时可根据其形状来调整录入设备和音源的距离，已达到最佳效果，如图 2-9 所示。

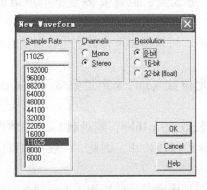

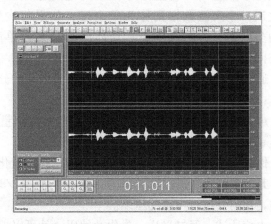

图 2-8　"New Waveform"对话框　　　　图 2-9　Cool Edit Pro 中声音的录入

（3）朗诵读完以后，单击"停止"按钮，结束录音。

（4）单击工具栏中的"保存"按钮，打开保存文件对话框，输入文件名并选择文件保存类型后，这次录制工作就完成了。

到这里，声音的采样就结束了，但是需要注意几个容易导致采样失败的问题：

1）采样的声卡和传声器必须适用，不合适的采样设备会引起采样过程出现各种意外，最严重的会导致采样失败。

2）采样前要对采样大小有所预估，应提前检查磁盘空间的容量大小，过小的磁盘存储空间会导致存储失败。

3）声音的采样可以采取先录制高音质样本而后再压缩的办法，这样可以在效果不如意的时候提高音质，避免二次采样（特别是对无法再生的声音资源）。

4）录音时要根据情况调整音量，过小的声音会导致音质较差，过强的声音则会导致电流超过放大器的极限，即出现杂音。

5）在录音开始和结束的时候，最好要留一段空白段以保证采样样本的完整。空白段可在后续处理中去掉。

## 子任务2 创作的灵韵——声音信号的处理

经过原始采样所获得音频文件与最终成品还有一定的差距。在采样过程中，难免会遇到意想不到的情况或无法避免的事件，比如噪声。此外还有为了保证采样样本的完整性而特意添加的无意义"空白"段（这里所指的"空白"是指这段音频相对要录制的音频文件是无意义的）。这些不利于成品的成分都要在编辑中处理掉。

### 步骤:

**步骤1** 使用 Cool Edit Pro 剪切、删除声音片段。

（1）选择菜单栏上的"File"→"Open File"命令，选择"诗朗诵.WAV"文件。可以看到，在文件的开始部分有一段在传声器刚打开后充满杂音的片段。

（2）为了精确地捕捉片段，需要单击"放大"按钮来放大音频曲线。当放大到制作者觉得合适的尺度时，就可以进行片段的捕捉了。

（3）先用鼠标单击左声道的开始部分，在出现左声道标尺后，拖动标尺选中左声道的噪声片段，如图2-10所示。

（4）单击鼠标右键，在弹出的快捷菜单中选择"cut"命令，将选中部分剪切。

（5）重复上述步骤，将右声道的噪声部分剪切。

**步骤2** 使用 Cool Edit Pro 去掉噪声。

（1）单击左声道波形图，选择菜单栏中的"Effects"→"Noise Reduction"→"Hiss Reduction"命令，打开去噪对话框，如图2-11所示。

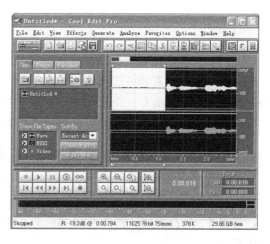

图2-10 选择噪声片段

（2）单击"Get Noise Floor"按钮，得到软件分析出的噪声水平，然后单击"OK"按钮，即可去掉左声道的噪声。

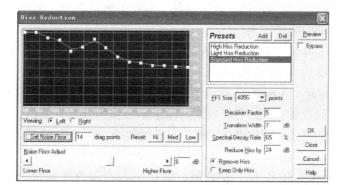

图2-11 去噪对话框

（3）重复上述步骤，去掉右声道的噪声。

降噪是至关重要的一步，做得好有利于进一步美化音效，做不好就会导致声音失真，彻底破坏原声。降噪中的参数按默认数值即可，随便更动，有可能会导致降噪后的声音产生较大失真。

单击"OK"按钮降噪前，可先单击"Preview"按钮试听一下降噪后的效果（如失真太大，说明降噪采样不合适，需重新采样或调整参数）。需要注意的是，无论何种方式的降噪都会对原声有一定的损害。

经过步骤 1 和步骤 2，对原始"诗朗诵"样本的修改就基本完成了。需要注意的是，Cool Edit Pro 虽然能对一部分噪声进行衰减，但是它的作用是有限的。要想得到出色的成品，初始的文件采样还是非常重要的。

在本任务里，经过对声音样本的处理，一个原始版的"诗朗诵"声音素材就完成了。通过加工整理以后，这个素材完全可以整合到其他的声音文件中，比如作为一个主题或作为一个背景，亦可以单独做成一个语音文件。

# 任务 3  学会使用音频处理软件

## 知识导读

想要制作一个成功的音频作品，制作者首先要清楚作品所要表达的效果和使用的场合，其次要对声音的每一个表现细节和原理都有准确地把握，最后还要对所使用的音频制作软件有一定的了解，这样才能做出一款成功的作品。

### 子任务 1  创造的手段——使用音频信息处理软件改变原声

**步骤：**

**步骤 1**  运行程序，进入 Cool Edit Pro 界面，对"诗朗诵. WAV"文件的声音大小进行编辑。

（1）对"诗朗诵. WAV"所要达到的效果进行分析。在录入"诗朗诵. WAV"的过程中为了减少干扰音，录入音量调节为中等，在比对其他配合文件的时候发现如果以"诗朗诵. WAV"作为主体音的话，音量偏低，不利于效果表现。因此需要对音量进行放大，表现在声波上即为幅度变大。

（2）选择菜单栏中的"File"→"Open File"命令，打开"诗朗诵. WAV"文件。

（3）选中需要放大的波形部分，选择菜单栏中的"Effects"→"Amplitude"→"Amplify"命令，打开"Amplify"对话框，如图 2-12 所示。该对话框主要用于音频音量的调节，形成与音频音量有关的各种效果。除了单独使用放大、缩小、删除等操作以外，配合声波的播放时间轴还能产生渐强、渐弱等系列效果。在"Persets"文本列表框中罗列了各种可以选用的音效调节。

（4）选中"Lock Left/Right"复选框，保证左右声道改变幅度一致。在"Calculate Nomalization Values"选项栏的"Peak Level"文本框中输入 100，以保证原声在放大过程中不失真。单击"Calculate Now"按钮，计算在100%不失真的情况下，声音能放大的最大幅度。

（5）由上一步可知，"诗朗诵.WAV"文件在100%不失真的情况下，声音能放大的最大幅度为152.38%，根据具体情况拖动滑块调节具体幅度。

（6）单击"Preview"按钮对放大后的声音进行试听，如发现不合适则继续调节滑块，直到满意为止。最后单击"OK"按钮将改动应用到文件中。

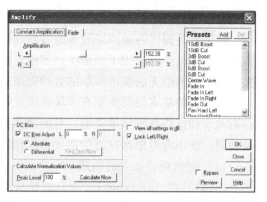

图2-12 "Amplify"对话框

**步骤2** 对"诗朗诵.WAV"文件进行修饰。

（1）"诗朗诵.WAV"是单人朗诵声音文件。如果想要表现的意境是一名书生在一处风景秀丽的山间手持书卷，对着青山绿水高声诵读，则需要对声音文件添加回声处理。

（2）选择菜单栏中的"Effects"→"Delay Effects"→"Echo"命令，打开"Echo"对话框，如图2-13所示。该对话框主要用于产生较强的回声效果。在"Persets"文本列表框中选择需要的回声效果模式，单击"Preview"按钮对声音进行试听，如发现不合适则继续转换模式或拖动滑块微调，直到满意为止。最后单击"OK"按钮将改动应用到文件中。

（3）如果想要的效果是在房间中的回声，则可以选择菜单栏中的"Effects"→"Delay Effects"→"Echo Chamber"命令，打开"Echo Chamber"对话框，如图2-14所示。在对话框中可以设置虚拟房间的大小，定义墙面和地面对声音的反射特性音源信号的幅度、声音反射的次数以及音源的位置。

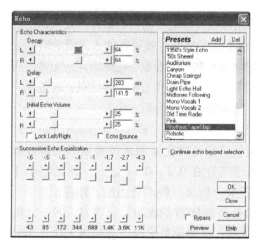

图2-13 "Echo"对话框

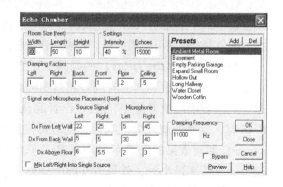

图2-14 "Echo Chamber"对话框

（4）单击工具栏中的"保存"按钮，输入文件名并选择文件保存类型后，这次修改工作就完成了。

对声音进行修改难免要加入各种效果，音频制作者如果要用到效果音，则一定要对效果器有一定的理解。

效果器是提供各种声场效果的音响周边器材，原先主要用于录音棚和电影伴音效果的制作，现在已广泛应用于现场扩声系统。无论效果器的品质如何优秀，如果不能掌握其调整技巧，则不但无法获得预期的音响效果，而且还会破坏整个系统的音质。

效果器的基本效果类型有声场效果、特殊效果和声源效果三大类。数字效果一般都储存有几十种或数百种效果类型，有的效果器还有参数均衡、噪声门、激励器和压缩/限幅某功能。使用者可根据自己的需要选择相应的效果类型。

（1）室内声音效果的组成

1）直达声（Direction）。听众直接从声源播过来获得的声音，声压级的传播衰减与距离的平方成反比，即距离增加一倍，声压级减小 6dB。该音效与房间的吸声特性无关。

2）近次反射声（Eary Refections）。也称早期反射声，是经周围界面一次、二次反射后到达听众处的声音。近次反射声与直达声间的时间延迟为 30ms，人的听觉无法分辨出直达声还是近次反射声，只能把它们叠加在一起感受。近次反射声对提高压级和清晰度有益，并与反射界面的吸声特性有关。

3）后期反射声。比直达声晚到大于 30ms 的各次反射声，也称为混响声。混响声可帮助人们辨别房间的封闭空间特性（房间容积的大小）。对音乐节目而言，可增加乐声的丰满度，在提供优美动听成分的同时并对近次反射声具有掩蔽效应，影响了声音的清晰度和语言的可懂度。因此，这个成分不可没有，也不宜过大。混响声的大小与周围界面的吸声特性有关，常用混响时间（Reverberation Time）来表示，即声源达到稳态、停止发声后，室内声压级衰减 60dB 所需的时间。

（2）声场效果　声场效果主要是模仿在不同容积、体形和吸声条件的房间中传播的声音效果。声场效果的参数主要是：混响时间（RT）、延迟时间、声音扩散和反射声的密度某参数。

1）混响时间的调整。混响时间的长短体现出房间体积大小的不同听音效果。效果器的混响时间长短可根据下列因素来确定：容积较大、吸声不足的房间，效果器的人工混响时间要短；男声演唱时混响时间应短些，女声演唱时混响时间可长些；专业歌手混响时间应短些，否则会破坏原有音色的特征；业余歌手可用较长的混响时间，以掩盖声音的不足之处；环境噪声大的场合混响时间可适当加长；效果声音量较大时，混响时间可调得短一些。

2）预延时（Pre Delay）的调整。预延时是控制效果器回声（Echo）的间隔时间。回声是同一声音先后到达的时间差超过 50ms 时的现象。预延时主要用来改善演唱的颤音效果。一般歌唱的颤音频率范围（声音起伏的间隔时间）在 0.1 ~ 0.2s 之间。预延时小于0.1s 时，延时器就成为混响器，此时可模仿早期反射声效果，使声音加厚、加重。

3）回声效果的反馈率（Feed Back）。这个参数控制回声的次数，可在 0 ~ 99% 之间调节。反馈率最小时，效果器实际上就是一个延时器；反馈率最大时，会形成无休止的回声，因此一般调在 30% 左右。

（3）特殊效果

1）金属板效果（Platc）。模拟板式混响器的声音效果。它的特点是声音清脆嘹亮、爽朗有力，给人以生机勃勃的感受，一般用来处理对白、打击乐和吹奏乐的声音。

2）移相效果（Phasing）。将延时后的声音与没延时的声音混合相加在一起，由于两个声音有时间差（相位差），叠加后会在某些频率上相互加强形成峰点，而另一些频率上互相抵消形成谷点，从而形成"梳状滤波器"的频率特性。通过延时参量的调整，可控制梳状滤波效应的特性的峰与谷出现的位置，调整直达信号与延时信号的混合比例，可调整梳状滤波特性峰与谷之间的差值。当两者比例为1:1时，峰与谷差值最大，达6dB。移植效果的延时量不宜过大，一般在1~20ms之间调节。

3）镀边（法兰）效果（Flange）。对延迟时间进行调制（延时按一定规律变化）时所产生的效果。这种效果可以循环往复地加强声音中的奇次谐波量或偶次谐波量，使声音的频谱结构发生周期性的变化，从而出现"空洞声"、"喷流声"和"交变声"等富有幻觉色彩的声音效果。镀边效果的调节参数有调制频率、调制深度和反馈率，主要用于特殊声音处理场合，要慎重使用。

（4）声源效果　即对不同声源发生的声音进行处理，比如有些录音棚专门设有为人声、打击乐等特定声源制造效果。

### 子任务2　创作的手段——使用音频信息处理软件拼接原声

**步骤：**

**步骤1**　为"诗朗诵.WAV"文件添加音乐背景。

在前面的任务中，已添加了回声来增强声音效果，为了表现出更好的意境，这里将添加音乐作为其背景。

（1）选择菜单栏中的"File"→"Open File"命令，打开"诗朗诵.WAV"文件。

（2）单击工具栏最左边的"编辑"按钮，打开多音轨编辑界面。在"Track1"中3秒左右的位置单击鼠标右键，在弹出的快捷菜单中选择"Insert"→"诗朗诵.WAV"命令，把原始文件填入"Track1"。

（3）选择菜单栏中的"File"→"Open File"命令，打开"41.asp.mp3"文件。

（4）重复步骤（2），在"Track2"中0秒左右的位置右击鼠标，选择"Insert"→"41.asp.mp3"命令，把音乐背景填入"Track2"。

需要注意的是，由于"41.asp.mp3"和"诗朗诵.WAV"的文件格式不一致，在导入过程中，Cool Edit Pro会提示用户将"41.asp.mp3"的格式转换为"诗朗诵.WAV"的格式。

（5）经过对比可以发现，背景音要强于朗诵声，如图2-15所示。这种情况对主题的表现是不利的，仿照子任务1中的例子，分别将背景音减小，将主题音加大。

（6）去掉背景音中多余的部分，将新生成的背景音文件另存为新的文件。

（7）根据背景音和主题音在"Track1"和"Track2"中调整两个文件的位置，直到满意为止。

（8）单击工具栏中的"保存"按钮，

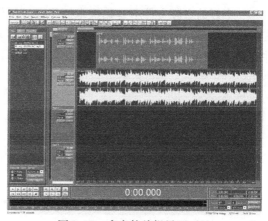

图2-15　多音轨编辑界面（1）

输入文件名并选择文件保存类型后，这次修改工作就完成了。

**步骤2** 为"诗朗诵.WAV"文件添加音乐音效。

（1）为了体现出空谷深山的效果，仅仅对主题音做回音效果是不够的，还需要添加能表现山谷效果的声音。选择菜单栏中的"File"→"Open File"命令，打开"Track3.WAV"文件。

添加效果音时需要注意，在添加过程中应根据主题的表现意图而修改，切忌因修改扰乱主题音的表现效果，起到反作用。

添加后的效果如图2-16所示，可以看到"Track3"的整体声波幅度较低，整合到文件当中不会起到对主题音的冲淡作用。

（2）试听后可以发现，在4.579秒这个位置，添加的效果音和朗诵声有冲突，这就好像正在说话时别人突然插话一样，影响了主题的表现。所以要对效果音的位置进行移动。

（3）如果感觉效果的表现还有所欠缺的话，可以继续添加效果文件，但是需要注意的是，效果音不是越多越好。

图2-16 多音轨编辑界面（2）

效果音可以整体加入，也可以根据需要剪切成小块文件，添加到需要的位置。

（4）反复修改直到最终满意后，单击工具栏中的"保存"按钮，输入文件名并选择文件保存类型后，这次修改工作就完成了。

# 学材小结

本模块主要介绍了多媒体音频技术的相关知识。学生在学习过程中要掌握数字音频的基本概念，音频数据的采样与处理方法。学生要能将相应的音频软件与本模块中介绍的各个知识点串联起来。

一个好的音频文件不是熟练掌握了音频制作工具就可以制作出来的。这就像一个人写文章，不是会写字就可以写得好。只有将想要表达的意境、音频处理的技巧、音频制作软件的熟练掌握这三者有机结合起来，才能做出让人回味的作品。

# 模块3

## 本模块导读

　　多媒体图像处理是多媒体技术的重要分支。本模块主要介绍图形图像的基本知识以及图形图像处理软件的操作技巧。利用图形图像处理软件，可以修改图形，改善图像质量，或是从图像中提取有效信息，还可以对图像进行压缩，以便于传输和保存。图像可分为静态图像和动态图像，本模块主要介绍静态图像处理技术。

## 本模块要点

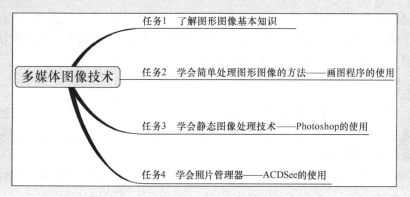

任务1　了解图形图像基本知识

多媒体图像技术

任务2　学会简单处理图形图像的方法——画图程序的使用

任务3　学会静态图像处理技术——Photoshop的使用

任务4　学会照片管理器——ACDSee的使用

# 任务1  了解图形图像基本知识

 **知识导读**

计算机图形图像是通过计算机软件绘制的图形、图像的总称。

在计算机中，图形图像都是以数字的方式进行记录和存储的，按维度可以分为二维和三维。二维图形有两个维度，即长和宽，常用坐标 X 轴和 Y 轴表示。三维图形是立体的，它在二维的基础上增加了厚度，也就是 Z 轴。在很多电脑游戏、动画及电影中，都使用了二维或三维图形图像技术如图3-1、图3-2所示。

图3-1  二维动画

图3-2  三维动画

从动态和静态的角度来说，计算机图形图像可分为静态图形图像和动画两部分。静态图形图像是单幅的，静止不动的；动画是运动的。但严格来说，动画并不是连续的，它实际上也是由许多幅静态图像组成的。

## 子任务1  了解颜色模式

图像处理离不开色彩处理，因为图像是由色彩和形状两种信息组成的。在使用色彩之前，需要了解色彩的一些基本知识。所有的色彩都可用亮度、色调和饱和度来描述，这也是色彩三要素。人眼中看到的任一彩色光都是这三个特征的综合效果。

**信息卡**

**图像**：图像是一种代表客体（或对象）的写真或模拟，是一种生动的、图形化的描述。也就是说，图像是一种代表客观世界中特定物体的生动的图形表达形式，它包含了描述其所代表的物体的信息。

**亮度**：是光作用于人眼时所引起的对明亮程度的感觉，它与被观察物体的发光强度有关。

**色调**：是当人眼看到一种或多种波长的光时所产生的彩色感觉，它反映颜色的种类，是决定颜色的基本特性，如常说的红色、棕色就是指色调。

饱和度：指的是颜色的纯度，即掺入白光的程度，或者说是指颜色的深浅程度。对于同一色调的彩色光，饱和度越高颜色越鲜明或说越纯。通常，把色调和饱和度统称为色度。

颜色模式：是用来确定如何描述和重现图像的色彩。

### 知识导读

颜色模型包括 HSB（色相、饱和度、亮度）、RGB（红色、绿色、蓝色）、CMYK（青色、品红、黄色、黑色）和 Lab 等，因此，相应的颜色模式也就有 RGB、CMYK、Lab 等。图 3-3 所示为 Photoshop 调色板的几种颜色模式表示红颜色时的数值。

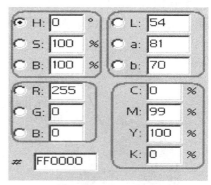

图 3-3　Photoshop 调色板中的红颜色表示模式

#### 1. RGB 颜色模式

利用红（Red）、绿（Green）和蓝（Blue）三种基本颜色进行颜色加法，可以配制出绝大部分肉眼能看到的颜色，如图 3-4 所示。

下面是 RGB 颜色模式所表示的几种特殊颜色。

R：255，　G：0，　B：0　表示红色。

R：0，　　G：255，B：0　表示绿色。

R：0，　　G：0，　B：255表示蓝色。

R：0，　　G：0，　B：0　表示黑色。

R：255，　G：255，B：255表示白色。

#### 2. CMYK 颜色模式

CMYK 是一种用于印刷的颜色模式，其中的 C、M、Y、K 分别是指青（Cyan）、品红（Magenta）、黄（Yellow）和黑（Black），如图 3-5 所示。

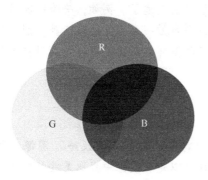

图 3-4　RGB 颜色模式

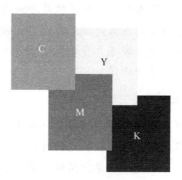

图 3-5　CMYK 颜色模式

CMYK 颜色模式与 RGB 颜色模式的区别在于产生色彩的原理不同。由于 RGB 颜色合成可以产生白色，因此，RGB 产生颜色的方法称为加色法。而青色（C）、品红（M）和黄色（Y）在合成后可以吸收所有光线并产生黑色，因此，CMYK 产生颜色的方法称为减色法。

#### 3. Lab 颜色模式

Lab 颜色模式是以一个亮度分量 L（Lightness）以及两个颜色分量 a 与 b 来表示颜色

的。其中，L 的取值范围为 0 ~ 100，a 分量代表由绿色到红色的光谱变化，而 b 分量代表由蓝色到黄色的光谱变化，且 a 和 b 分量的取值范围均为 – 120 ~ 120。

Lab 颜色模式是 Photoshop 内部的颜色模式。该模式是目前所有模式中色彩范围（称为色域）最大的颜色模式，如图 3-6 所示。

**4. HSB 模式**

HSB 模式以色相、饱和度、亮度与色调来表示颜色。通常情况下，色相由颜色名称标识，如红色、橙色或绿色，如图 3-7 所示。

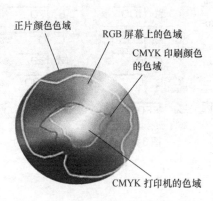

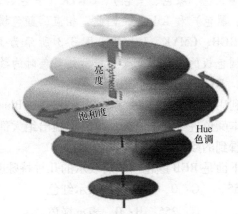

图 3-6 Lab "色域" 表示 　　　　　　图 3-7 HSB 颜色模式

# 子任务 2 了解图形图像处理的基本知识

**知识导读**

人类研究与应用图形图像处理技术的历史已经很久远了。例如，哈哈镜就是一种人为地使图像畸变的图像处理工具；望远镜与显微镜则是另一类图像处理工具；照片的放大技术则是一种使千家万户受益的图像处理技术。多种多样的图像处理在人类科技发展史上发挥过极其重要的作用。

**信息卡**

处理：所谓处理是指对某一对象作一系列能导致预期结果的操作。

图像处理：就是按特定的目标，用一系列的特定的操作来"改造"图像。所谓特定的目标，可以是使图像更清晰、更美丽动人，也可以是从图像中提取某些特定的信息。

如今常说的图形图像处理技术，概括起来主要包括如下几项内容：

1）几何处理。主要包括坐标变换，图像的放大、缩小、旋转、移动，多个图像配准，全景畸变校正，扭曲校正等。

2）算术处理。主要对图像施以加、减、乘、除等运算，虽然该处理是主要针对像素点的处理，但非常有用，如医学图像的减影处理。

3）图像增强。主要是突出图像中重要的信息，而减弱或去除不需要的信息，从而使有用信息得到加强，便于区分或解释。

4）图像复原。主要目的是去除干扰和模糊，恢复图像的本来面目。

5）图像重建。几何处理、图像增强、图像复原都是从图像到图像的处理，即输入的原始数据是图像，处理后输出的也是图像，而图像重建处理则是从数据到图像的处理，也就是说输入的是某种数据，而处理结果得到的是图像。该处理的典型应用就是 CT 技术、核磁共振等。

6）图像编码。其主要宗旨是利用图像信号的统计特性及人类视觉的生理学及心理学特性对图像信号进行高效编码，即研究数据压缩技术，以解决数据量过大的问题。

7）图像识别。是数字图像处理的领域，目前正处于研究阶段，方法尚未成熟。

8）图像理解。该处理输入的是图像，输出的是一种描述。这种描述并不仅是单纯的用符号做出详细的描绘，而且要利用客观世界的知识使计算机进行联想、思考及推论，从而理解图像所表现的内容。

## 子任务3  了解常用图形图像格式

 **知识导读**

存储在多媒体计算机中的图形图像大致可分为两类，一类是静态图像文件，另一类是动态视频图像文件。目前比较流行的图像格式有6种：TIFF，TGA，BMP，PCX、MMP 及 GIF。

**1. TIFF 格式**

TIFF 格式中引进了标志域的方法，其图像的所有信息都存在标志域中，如图像尺寸大小，所用计算机型号，文件制造商或图像的作者，说明等。TIFF 格式是一种极其灵活易变的格式，支持多种压缩方法。

**2. TGA 格式**

TGA 格式是由美国 Truevision 公司为其显示卡开发的一种图像文件格式，已被国际上的图形、图像工业所接受。TGA 格式的结构比较简单，属于一种图形、图像数据的通用格式，在多媒体领域有很大影响，是计算机生成图像向电视转换的一种首选格式。TGA 格式的最大的特点是可以做出不规则形状的图形、图像文件。一般图形、图像文件都为四方形，若需要有圆形、菱形甚至是镂空的图像文件时，就要使用 TGA 格式。

**3. BMP 格式**

BMP 格式是一种与设备无关的图像文件格式，它是标准的 Windows 和 OS/2 系统的图像文件格式，可对图像进行无损压缩，最高可支持24 位的颜色。

**4. PCX 格式**

PCX 格式是 Zsoft 公司研制开发的，主要与商业性 PC-Paint Brush 图像软件一起使用。PCX 文件可以分成 3 类：各种单色 PCX 文件、不超过 16 种颜色的 PCX 文件以及具有 256 种颜色的 PCX 图像文件。PCX 图像文件格式与特定图形显示硬件密切相关，其格式一般为 256 色和16 色，不支持真彩色的图像存储，存储方式通常采用 RLE 压缩编码。读写PCX 格式的文件时需要一段 RLE 编码和解码程序。

**5. MMP 格式**

MMP 格式是 Ani-video 公司以及清华大学计算机系在他们设计制造的 Ani-videot 和

TH-Ani-video 1、2、3 视频信号采集板中采用的图像文件格式。根据最近几年新的发展趋势，为了使视频数据能和电视视频信号兼容，它的图像数据采用 YUV 的形式。这和计算机图形数据（RGB）有较大的不同，因此，它的通用性不如前面几种格式。

### 6. GIF 格式

GIF 格式是由 CompServe 公司提供的一种图像格式，采用 LZW 压缩方式进行压缩，支持 8 位的图像文件。其特点是文件容量小，因此广泛地应用于通信领域和互联网的 HTML 网页文档之中。

## 任务 2　学会简单处理图形图像的方法
## ——画图程序的使用

画图程序是 Windows 提供的用于绘制、处理图形的工具。虽然现在处理图形图像的软件很多，但从处理方法和功能来看，Windows 画图程序仍不失为一种简单快捷的处理工具。画图程序创建的文件的扩展名为".bmp"，是位图文件。本任务介绍一些使用 Windows 画图程序的操作技巧。

**知识导读**

学习画图程序之前有必要先了解画图程序的启动、窗口组成以及各种工具的使用。

### 1. 启动画图程序

选择系统中的"开始"→"所有程序"→"附件"→"画图"命令，即可启动画图程序。

### 2. 画图程序的窗口组成

画图程序的窗口包括标题栏、菜单栏、工具箱、颜料盒、画布以及状态栏等，如图 3-8 所示。

1）标题栏。位于画图程序的窗口的顶部，显示格式为"未命名-画图"。其中，"画图"表明了当前使用的应用程序是画图程序，"未命名"为当前默认的文件名。

2）菜单栏。在标题栏的下方，每一菜单下包含了一组命令项。

3）工具箱。用来在画布上进行绘图的工具，由一组按钮组成，其功能见表 3-1。

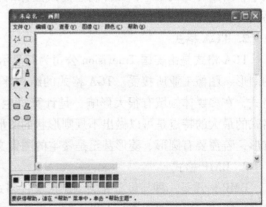

图 3-8　画图程序窗口

4）颜料盒。绘图前使用它来设置当前使用的前景色和背景色。其中，在颜料盒的左侧是前景色和背景色显示框，框中有两个重叠在一起的小方块，前面的方块内显示的颜色是前景色，后面的方块内显示的颜色是背景色。用鼠标左键单击颜料盒中的某种颜色来设置前景色，用鼠标右键单击颜料盒中的某种颜色来设置背景色。

5）画布。画图程序的窗口中的工作区部分称为画布，可以用鼠标拖放画布的边角处来改变画布的大小。画布的大小一旦确定，所能绘制的图形的范围就确定了，画布之外的区域便不再能进行操作。

6）状态栏。位于窗口的下方，用来显示选定的菜单命令或工具按钮的功能说明。

表 3-1　工具箱中各工具及其功能一览表

| 工具名称 | 功能 |
|---|---|
| 任意形状的剪裁 | 按下鼠标左键拖动可选择不规则形状的选定区域 |
| 选定 | 拖动鼠标选定矩形区域 |
| 橡皮/彩色橡皮擦 | 按下鼠标左键拖动，可用当前背景色擦除图像 |
| 用颜色填充 | 单击鼠标左键，可用前景色填充封闭区域 |
| 取色 | 单击鼠标左键，将绘图区中被单击处的颜色作为前景色 |
| 放大 | 单击鼠标左键，放大绘图区中指定区域的图像 |
| 铅笔 | 在绘图区按下鼠标左键并拖动，可绘制图形 |
| 刷子 | 可选取刷子的形状和大小，在绘图区拖动以绘制图形 |
| 喷枪 | 可选择喷射密度，当按下鼠标左键时用前景色产生喷雾效果 |
| 文字 | 拖动可产生文字录入区域，并设置字体与字的大小、显示效果等 |
| 直线 | 按下鼠标左键并拖动可绘制直线 |
| 曲线 | 拖动鼠标产生一条从起点到终点的直线，再拖动鼠标使其显示弯曲 |
| 矩形 | 拖动可绘制矩形，按下 <Shift> 键拖动时可绘制正方形 |
| 多边形 | 拖动鼠标依次绘制多边形的每条边，双击结束绘图 |
| 椭圆 | 拖动绘制椭圆，按下 <Shift> 键拖动时可绘制圆 |
| 圆角矩形 | 拖动绘制圆角矩形，按下 <Shift> 键拖动时可绘制圆角正方形 |

## 子任务 1　学会绘制图形

利用画图程序所提供的各种功能，可以使图形的绘制更为简单，制作的效果也更好。下面以图 3-9 所示为例，介绍绘制一幅图画的基本步骤。

### 步骤：

**步骤 1**　选择"开始"→"所有程序"→"附件"→"画图"命令，启动画图程序。

**步骤 2**　调整"画布"的大小到合适位置。

**步骤 3**　用鼠标左键单击"颜料盒"中的"淡蓝色"，这时前景色为蓝色；在"工具栏"中单击"用颜色填充"按钮，然后在画布上单击鼠标左键，将背景填充为"淡蓝色"，如图 3-10 所示。

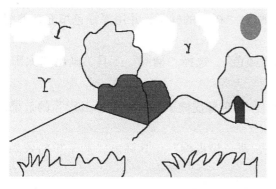

图 3-9　例图

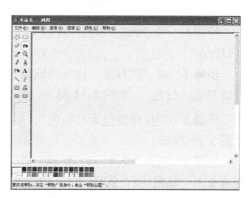

图 3-10　填充了"淡蓝色"背景

> **注意**

在这里，用鼠标右键来选择颜色也可以，只是在填充时也要用右键。

在画图程序中绘画，先要在"颜料盒"中选择颜色，然后才开始使用各种工具进行绘画。

**步骤4** 在"颜料盒"中选择前景色为"黑色"，再选择"直线"工具，在"选择框"中选中较粗线条，在"画布"上拖动两次，画出一座"山"的样子。再在"颜料盒"中右键单击"黑色"，使背景色也变为"黑色"，选择"橡皮/彩色橡皮擦"工具，在"选择框"中选中最小形状，在"画布"上拖动，画出另一座山。在"颜料盒"中选择"蓝绿色"，单击"用颜色填充"按钮进行填充，如图3-11所示。

> **注意**

在"工具栏"下方的"选择框"用来选择对应工具的线条宽度、填充等，有的工具没有选择框。

在填充颜色时，填充的区域必须是封闭的，否则在填充时将把整个画布填充。

"橡皮/彩色橡皮擦"工具的颜色是背景色。

**步骤5** 用"橡皮/彩色橡皮擦"工具，画出"草"的样子，用绿色填充，如图3-12所示。

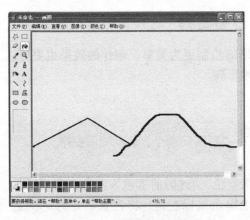

图3-11 "山"的效果

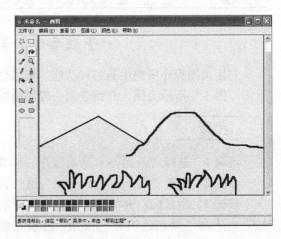

图3-12 "草"的效果

**步骤6** 用"橡皮/彩色橡皮擦"工具，画出"树"的样子，并用深绿色填充，如图3-13所示。

**步骤7** 在"颜料盒"中选择前景色为"黑色"，选择"椭圆"工具，画出"太阳"并填充成"红色"，如图3-14所示。

**步骤8** 选择背景色为"白色"，用"橡皮/彩色橡皮擦"工具画出"云彩"的效果，如图3-15所示。

**步骤9** 选择背景色为"黑色"，用"橡皮/彩色橡皮擦"工具画出"燕子"的效果，完成全图，如图3-16所示。

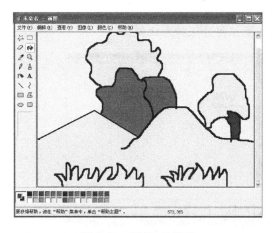

图 3-13　"树"的效果

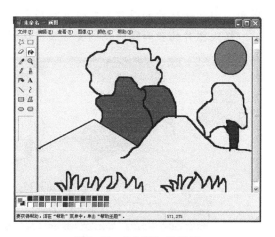

图 3-14　"太阳"的效果

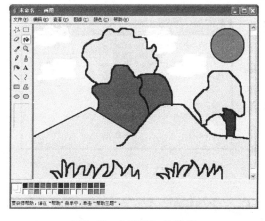

图 3-15　"云彩"的效果

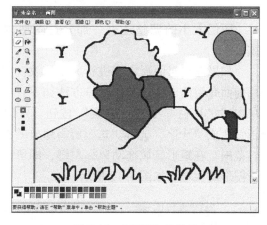

图 3-16　"燕子"的效果

## 子任务 2　图形的一般处理

画图程序除了可以绘制一些简单图形外，还可以对图形进行放大、缩小、扭曲、变形等操作，这也是图形处理的一般操作。

### 步骤：

**步骤 1**　图形大小的调整。调整图形大小有以下两种方法。

第一种方法：把鼠标移至图像边框上，拖动鼠标使图像达到需要的大小，放开鼠标即可。这种方法简单快捷，但不易精确调整图形大小，有时需要重复拖动几次才能达到目的，如图 3-17 所示。

第二种方法：在菜单栏中选择"图像"→"属性"命令，弹出"属性"对话框，如图 3-18 所示。在对话框中显示当前图形的宽度和高度，重新输入所需数值，并单击"确定"按钮，即可精确调整图形大小。

### 注意

在修改图片大小之前，一定要先备份原图片文件，因为 Windows 画图程序默认为点阵

57

图形，因此修改后的图片不能恢复成原大小。

修改图片的长和宽的比例要一致，这样才能保证图片保持原比例。

图3-17　调整图形大小

图像大小的调整还有一部分是图形内容的缩放。

如果需要对图形内容进行大小缩放，则不能用前面介绍的方法。具体操作方法如下：用鼠标单击"工具栏"中的"选定"按钮，这时鼠标指针变成"十字"光标。选定所需缩放的图形内容范围，在矩形区域拖动鼠标左键，即可改变所选图形的大小，如图3-19所示。

图3-18　"属性"对话框

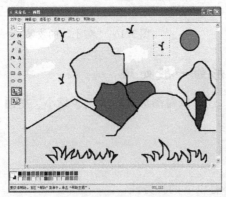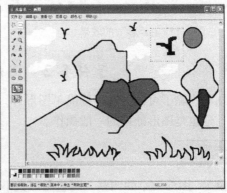

图3-19　图形内容大小的缩放

**步骤2**　图形内容的位置移动。单击"工具栏"中的"选定"按钮，在图形中选定所要移动的部分（如果是不规则图形，则用"任意形状的裁剪"按钮选取），拖动鼠标左键可将所选图形进行移动，如图3-20所示。

在对图形内容进行移动时，所选部分包括背景色也被移动，原位置将会出现一块黑色区域，需对其进行填充处理。

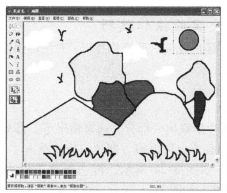 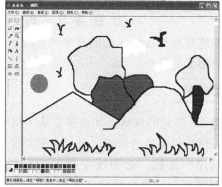

图3-20 图形内容的移动

**步骤3** 图形的翻转或旋转。单击"工具栏"中的"选定"按钮，在图形中选定所要翻转或旋转的图形。选择菜单栏中的"图像"→"翻转/旋转"命令，弹出"翻转和旋转"对话框，如图3-21所示。在对话框中选择翻转或旋转的角度，再单击"确定"按钮，即可将所选图形进行翻转或旋转，如图3-22所示。

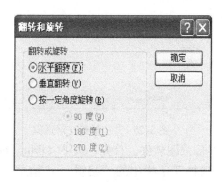 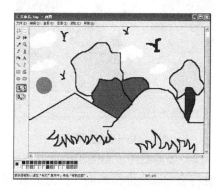

图3-21 "翻转和旋转"对话框　　　　图3-22 按"垂直翻转"后的图像

**步骤4** 图形颜色的选取。在Windows的画图程序中，颜料盒中默认有28种颜色，有时需要用到其他一些颜色。选择菜单栏中的"颜色"→"编辑颜色"命令，弹出"编辑颜色"对话框，如图3-23所示。选取所需的自定义颜色，再单击"确定"按钮，这时刚才自定义的颜色被添加到颜料盒中。

**步骤5** 图形的擦除。图形的擦除分为整个图形的擦除和擦除部分图形。

整个图形的擦除：选择菜单栏中的"图像"→"清除图像"命令，即可擦除整个图形。

部分图形的擦除：单击"工具栏"中的"橡皮"按钮，此时鼠标指针变成空心正方形，移动鼠标可擦除图形。

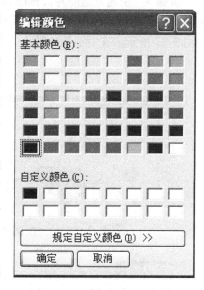

图3-23 "编辑颜色"对话框

## 子任务3  图形处理的操作技巧

在熟练掌握 Windows 画图程序的基础上，还应掌握一些操作技巧，对图形图像的处理方面会有很大的帮助。

### 步骤：

**步骤1**  图片的裁剪。如果需要从一张图片中截出一部分，通常情况下，都是通过专业图形处理软件来进行剪裁。其实，利用画图程序也可以很方便地完成。单击"工具栏"中的"选定"按钮，选中所要裁剪的区域，如图 3-24 所示，再选择菜单栏中的"编辑"→"复制到"命令，弹出"复制到"对话框，如图 3-25 所示。输入文件名，单击"保存"按钮，将所选区域保存为新文件。

图 3-24  区域选择                      图 3-25  "复制到"对话框

**步骤2**  屏幕截图。画图程序可以代替一些屏幕截图软件。首先，按下 <Print Screen> 键，系统将会截取全屏幕画面。打开画图程序，选择菜单栏中的"编辑"→"粘贴"命令，即可将截取的屏幕粘贴到"画布"中，然后进行编辑或保存，如图 3-26 所示。

**步骤3**  快速发送图片。画图程序有通过 Internet 发送图片的功能。首先打开所需图片，可进行适当处理，然后选择菜单栏中的"文件"→"发送"命令，弹出"新邮件"对话框，如图 3-27 所示。在对话框中输入收件人的电子邮件地址、主题和有关信息，即可发送图片。

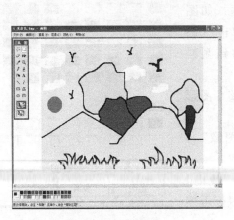

图 3-26  屏幕截图                      图 3-27  "新邮件"对话框

步骤4 将图片设置桌面背景。打开图片，选择菜单栏中的"文件"→"设置为墙纸"命令，可以选择"平铺"或"居中"模式，即可将当前图片设置为桌面壁纸。

步骤5 转换图形格式。Windows 中默认的图形文件是位图格式（∗.bmp），是一种无损的图形格式，但体积较大，可以利用画图程序将这些文件进行转换。打开需要转换的图形文件，选择菜单栏中的"文件"→"另存为"命令，弹出"另存为"对话框。在"保存类型"下拉列表框中选择保存为16色或256色位图文件，文件体积将大大减小，而图像质量几乎不会有损失，从而实现"无损转换"。

# 任务3 学会静态图像处理技术——Photoshop 的使用

Photoshop 是 Adobe 公司推出的图形图像处理软件，它的功能完善，性能稳定，使用方便，被普遍应用于广告设计、数码照片制作、印前处理、网站建设、多媒体开发、建筑效果图和影视动画制作中。目前最新的版本是 Photoshop CS4，本任务以 Photoshop CS3 为例进行讲解。

从 Photoshop 的整体功能上看，可分为图像编辑、图像合成、校色调色及特效制作部分。其中，图像编辑是图形图像处理的基础，在任务2中介绍的 Windows 画图程序中可基本完成。本任务主要通过学习图层、通道和路径这三个概念，完成对图像合成、校色调色及特效制作的功能，从而达到对图形图像处理更深层次的学习。

 **知识导读**

图层、通道、路径这三个概念是 Photoshop 最重要也是最难理解的部分，以下分别对这三个概念进行详解。

**信息卡**

图层：就是含有文字或图形等元素的胶片，一张张按顺序叠放在一起，组合起来形成页面的最终效果。图层可以将页面上的元素精确定位。在图层中可以加入文本、图片、表格、插件，也可以再嵌套图层。

通道：通道是用来存放图像信息的地方。Photoshop 将图像的原色数据信息分开保存，把保存这些原色信息的数据带称为"颜色通道"，简称为通道。

路径：是由线条及其包围的区域组成的图形。它可以是一个锚点、一条直线或曲线。

**1. 图层**

图层被称为 Photoshop 的灵魂，在进行图形图像处理时具有十分重要的地位，也是最常用到的功能之一。Photoshop CS3 中的许多图像效果都是通过创建和调整图层来实现的。图层的大部分操作都是在"图层"面板中实现的，如新建图层、复制图层等，因此只要掌握了"图层"面板的使用方法，也就掌握了图层的操作方法。

下面介绍"图层"面板中的几个常用按钮，关于图层的其他知识，在后面的子任务中再进行讲解。

（1）"图层"面板的显示 默认情况下，Photoshop 主窗口的右下方就是"图层"面板，如图3-28所示。也可通过选择菜单栏中的"窗口"→"图层"命令，打开或隐藏"图层"面板。

**注意**

通过单击"图层"面板右侧的小三角按钮，可以打开"图层"面板的扩展菜单。

"通道"、"路径"面板也有相同的操作。

（2）创建图层　图层的创建是进行图层处理的基础。在 Photoshop CS3 中，可以在一个图像中创建很多个图层，常用的创建方法有以下 3 种：

1）单击"图层"面板底部的"创建新图层"按钮，可在调板中创建一个空白图层。

2）选择菜单栏中的"图层"→"新建"→"图层"命令，弹出"新建图层"对话框，输入图层名称后单击"确定"按钮，在面板中创建一个空白图层，如图 3-29 所示。

图 3-28　"图层"面板

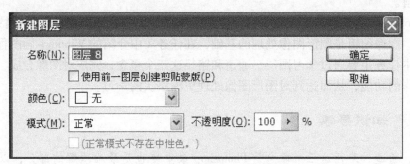

图 3-29　"新建图层"对话框

3）单击"图层"面板右上角的小三角按钮，在弹出的下拉菜单中选择"新建图层"命令，通过"新建图层"对话框创建新图层。

（3）创建调整图层　图层创建好后，可以单独对图层中的图像进行调整处理，并且不会修改原图，常用的方法有以下两种：

1）选择菜单栏中的"图层"→"新建调整图层"命令，可以创建调整图层。

2）单击"图层"面板底部的"创建新的填充或调整图层"按钮，在快捷菜单中选择相应的调整命令，创建调整图层。

（4）创建填充图层　填充图层的作用和使用方法与调整图层基本相同。可以在"图层"面板中创建纯色、渐变、图案 3 种填充图层。

**2. 通道**

通道是基于色彩模式这一基础上衍生出的简化操作工具。通道可以用来存放选区和蒙版，还可以完成更复杂的操作和控制图像的特定部分。一幅 RGB 三原色图有三个默认通道：红、绿、蓝，如图 3-30 所示。而一幅 CMYK 图像，就有四个默认通道：青、品红、黄和黑。由此可以看出，每一个通道其实就是一幅图像中的某一种基本颜色的单独通道。也就是说，通道是利用图像的色彩值对图像进行修改的。随着数码相机的普及，利用通道可以对照片进行偏色上的修复。

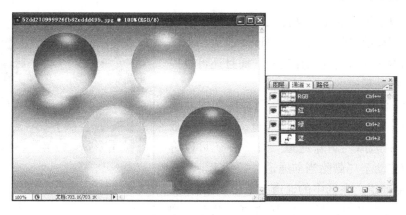

图 3-30　"RGB"通道

注意

打开一幅图像文件，Photoshop 会自动创建颜色信息通道。如果打开的图像文件有多个图层，则每个图层也会有自己的颜色通道。通道的数量取决于打开图像文件的颜色模式，与图层的多少无关。

通过"通道"面板，可以对图像文件的通道进行多种操作，如创建新通道、复制通道、删除通道、分离通道及合并通道等。通道可分为颜色通道、Alpha 通道、专色通道。

信息卡

颜色通道：当建立或者打开一张图片以后，Photoshop 会自动创建颜色通道。在颜色通道中有 4 个通道，即总通道（红绿蓝三色合成的通道，屏幕上看到的就是这个合成通道）、红通道、绿通道、蓝通道。

Alpha 通道：是计算机图形学中的术语，指的是特别的通道。有时，它特指透明信息，但通常的意思是"非彩色"通道。在 Photoshop 中制作出的各种特殊效果都离不开 Alpha 通道，它最基本的用处在于保存选取范围，也可以用来决定显示区域。

专色通道：是一种特殊的颜色通道，它可以使用除了青色、品红、黄色、黑色以外的颜色来绘制图像。

（1）"通道"面板的显示　默认情况下，在 Photoshop 主窗口的右下方单击"通道"选项卡，可显示"通道"面板，如图 3-31 所示。也可选择菜单栏中的"窗口"→"通道"命令，打开或隐藏"通道"面板。

（2）创建新通道　Photoshop 中最多可以有 24 个通道，创建新通道的方法有以下几种：

1）单击"通道"面板底部的"创建新通道"按钮，可创建一个 Alpha 通道。

2）选择菜单栏中的"选择"→"存储选区"命令，可将选区存储为新的 Alpha 通道。

3）选择菜单栏中的"图像"→"计算"命令，存储计算的结果为新的 Alpha 通道。

4）单击"通道"面板右上角的小三角按钮，在弹出的下拉菜单中选择"新建通道"命令，弹出"新建通道"对话框，如图 3-32 所示，可创建一个新的 Alpha 通道。

（3）通道的复制与删除　在进行图像处理时，有时需要对某个通道进行多种处理，从而获得特殊的视觉效果。在 Photoshop 中，不仅可以对同一图像文件中的通道进行多次复制，也可以在不同的图像文件之间复制任意的通道。在存储图像前删除不需要的 Alpha 通道，不仅可以减小图像文件占用的磁盘空间，而且还可以提高图像文件的处理速度。

1）删除通道。单击"通道"面板底部的"删除当前通道"按钮，可删除当前通道；也可在面板的扩展菜单中选择"删除通道"命令；还可以将选中的通道拖动至"删除当前通道"按钮上。

2）复制通道。在选中的通道上单击鼠标右键，在弹出的快捷菜单中选择"复制通道"命令，弹出"复制通道"对话框，如图 3-33 所示，可将当前通道复制。

图 3-31 "通道"面板

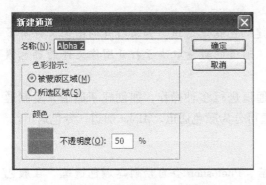

图 3-32 "新建通道"对话框

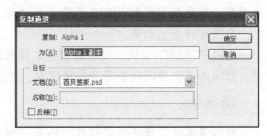

图 3-33 "复制通道"对话框

（4）通道的分离与合并 选择"通道"面板的扩展菜单中的"分离通道"命令，可以把一幅图像文件的通道拆分为单独的图像，原文件同时被关闭。分离通道后，还可以将分离的灰度图像文件重新合成为原图像文件。这种方法也可以将不同的图像文件合成为一个图像文件，但是它们必须是尺寸和分辨率相同的灰度图像文件。

**3. 路径**

在 Photoshop CS3 中，可以使用"钢笔"、"自由钢笔"等工具创建路径，还可以使用"添加锚点"、"删除锚点"、"转换点"、"路径选择"和"直接选择"等工具修改编辑路径的位置和形状。钢笔工具属于矢量绘图工具，其优点是可以勾画平滑的曲线，在缩放或者变形之后仍能保持平滑效果。

对于路径的理解，还应了解以下几点：

（1）"路径"面板的显示 在 Photoshop 主窗口的右下方单击"路径"选项卡，也可选择菜单栏中的"窗口"→"路径"命令，打开"路径"面板，如图 3-34 所示。对图像文件的路径

图 3-34 "路径"面板

可进行填充、描边、选取、保存等操作，并且可以在选区和路径之间进行相互转换操作。

（2）创建路径　Photoshop CS3 中提供了多种创建路径的方法，可以使用"钢笔"、"自由钢笔"等工具进行创建，也可以通过创建选区创建路径。

（3）路径的管理　可通过"路径"面板对创建的路径进行管理。包括隐藏工作路径、保存工作路径、创建新路径、删除路径、复制路径。

（4）编辑路径　使用 Photoshop CS3 中的各种路径工具创建路径后，可以对其进行编辑调整，如增加和删除锚点，对路径锚点位置进行移动等，从而使路径的形状更加符合要求。另外，还可以对路径进行描边和填充等编辑。

## 子任务1　图像的合成

利用预设动画命令，对幻灯片设置动画效果。

### 步骤:

**步骤1**　选择"开始"→"程序"→"Adobe Photoshop"命令，启动 Photoshop CS3，如图 3-35 所示。

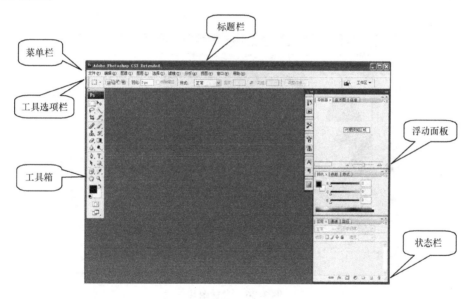

图 3-35　Photoshop CS3 窗口

### 注意

默认的 Photoshop 启动窗口为灰色，所有工作都从零开始。

第一次启动会提示设置颜色，单击"好"按钮即可，如果提示下载更新，则单击"否"按钮。

退出 Photoshop 的方法与所有的 Windows 窗口一样，最简单方法是单击窗口右上角的"关闭"按钮。

Photoshop CS3 的操作界面与先前版本的操作界面有所不同，界面的设计上更加精美、简洁、时尚。以下对窗口的主要部分进行说明。

（1）菜单栏　是 Photoshop 的重要组成部分。和其他应用程序一样，Photoshop CS3 将所有的功能命令分类后，分别归入不同命令组，如果命令显示为浅灰色，则表示该命令目前状态为不可执行。命令右方的字母组合代表该命令的键盘快捷键，按下该快捷键即可快速执行该命令，使用键盘快捷键有助于提高工作效率。命令后面带省略号，则表示执行该命令后，屏幕上将会出现对话框。

（2）工具箱　Photoshop 的"工具箱"中总计有 22 组工具，加上其他弹出式的工具，则所有工具总计 50 多个。工具依照功能与用途分为 7 类，分别是选取和编辑类工具、绘图类工具、修图类工具、路径类工具、文字类工具、填色类工具以及预览类工具。在"工具箱"底部有三组面板："填充颜色"是控制设置前景色与背景色；"工作模式"是控制选择标准工作模式还是快速蒙版工作模式；"画面显示模式"是控制决定窗口的显示模式。

（3）工具选项栏　可以完成各种图像处理操作和工具参数的设置，如用于颜色选择、编辑图层和显示信息等，这是 Photoshop 的一大特色。

**步骤 2**　选择菜单栏中的"文件"→"打开"命令，打开两张素材图片，如图 3-36 所示。

图 3-36　素材图片

想要执行"打开"命令，还有以下 3 种方式：

1）＜Ctrl + O＞快捷键。

2）＜Alt + Shift + Ctrl + O＞快捷键。

3）双击 Photoshop 工作界面中空白区域，可以打开"打开"对话框或"打开为"对话框。"打开"对话框和"打开为"对话框的区别在于，"打开"对话框中显示选中图像文件的缩略图，而"打开为"对话框只显示选中图像文件的文件大小。

**步骤 3**　在"工具箱"中选择"移动工具"，将光标移动到"小孩"图上，拖拽至下面"荷花"图中，如图 3-37 所示。

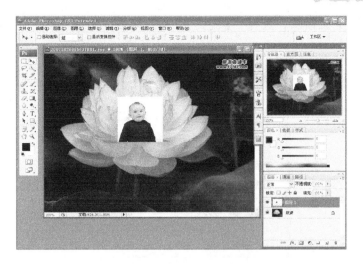

图 3-37　图片移动后效果

**步骤4**　在"图层"面板上单击"添加图层蒙版"按钮,如图 3-38 所示。

图 3-38　添加了图层蒙版

信息卡

蒙版:是进行图像处理时常用的一种编辑方法。它是一种特殊的选区,目的不是对选区进行操作,而是要保护选区不被操作。同时,不处于蒙版范围的地方则可以进行编辑与处理,而被覆盖的区域不受任何编辑操作的影响。

图层蒙版:只作用于一个图层,在当前图层上面进行遮挡。

矢量蒙版:顾名思义,就是可以任意放大或缩小的蒙版。

图层蒙版的作用如下:

1. 图层蒙版可以隐藏或展示图像的区域。

2. 图层蒙版可以将不同图层上的图像掺混到一起,起到合成图像的效果。图层蒙版对背景层不起作用。

注意

当添中了图层蒙版后,"添加图层蒙版"按钮变为"添加矢量蒙版"按钮。

**步骤5**　为了增加合成效果,在"工具箱"中选择"渐变工具",单击"工具"选项

67

栏中的"渐变"下拉箭头，选择"黑色、白色"渐变，然后选择"径向渐变"，如图3-39所示。

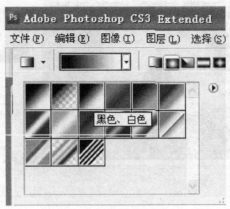

图 3-39 "渐变"工具选项

**步骤 6** 移动鼠标指针到"小孩"图中，从"小孩"脸部向上拖动，完成合成图像的效果，如图 3-40 所示。

图 3-40 合成图像效果

## 子任务2 照片的背景转换——通道抠图法的使用

通道抠图是图像处理中经常用到的方法，使用通道抠图主要是利用图像色相差别或者明度差别对图像建立选区。在通道里，白色代表有，黑色代表无，它是由黑、白、灰3种亮度来显示的，如果想要将图中某部分抠下来，在通道里将这部分调整成白色，然后建立选区。

**步骤:**

**步骤1** 启动 Photoshop CS3，选择菜单栏中的"文件"→"打开"命令，打开两张素

68

材图片，如图 3-41 所示。

图 3-41　素材图片

**步骤 2**　选择"人物"图片，单击打开窗口右下方的"通道"面板，如图 3-42 所示。

**步骤 3**　在"通道"面板中，选择色差较大的通道，在这里选择蓝色通道，如图3-43 所示。

图 3-42　使用"通道"面板　　　　图 3-43　选择"蓝"通道效果

**步骤 4**　为了不破坏原有通道，对蓝色通道进行复制。在蓝色通道上单击鼠标右键，在弹出的快捷菜单中选择"复制通道"命令，建立"蓝副本"通道，如图 3-44 所示。

**步骤 5**　对通道进行反相调整。选择菜单栏中的"图像"→"调整"→"反相"命令，产生如图 3-45 所示效果。

**步骤 6**　再对通道进行色阶调整。选择菜单栏中的"图像"→"调整"→"色阶"命令，弹出"色阶"对话框，如图 3-46 所示。

**步骤 7**　通过滑块调整色阶，产生如图 3-47 所示效果。

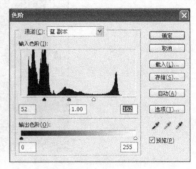

图 3-44　建立"蓝副本"通道　　　图 3-45　"反相"效果　　　图 3-46　"色阶"对话框

**注意**

在进行图像处理时，有时需要用到"撤销"操作，最近一次所执行的操作步骤会显示为"编辑"菜单的第一条命令。该命令的初始名称为"还原"。当在 Photoshop CS3 中执行一次操作步骤后，它就被替换为"还原操作步骤名称"。执行该命令就可以撤销该操作，此时该菜单命令会变为"重做操作步骤名称"，选择该命令可以再次执行该操作。这里，也可以通过按 <Ctrl + Z> 快捷键实现操作还原与重做。

**步骤8**　调整背景色为白色，用"橡皮擦"工具将人物轮廓擦为白色，如图 3-48所示。

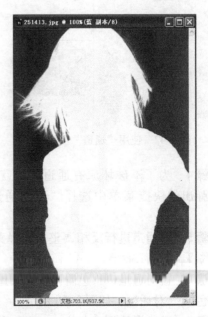

图 3-47　"色阶"调整后效果　　　　　图 3-48　用"橡皮擦"后效果

注意

为更好地操作，可将图像放大。单击"工具箱"中的"放大镜"按钮，将鼠标指针移至图中单击右键，选择"实际像素"命令。

**步骤 9** 单击"通道"面板中的"将通道作为选区载入"按钮，再选择"RGB"通道，效果如图 3-49 所示。

**步骤 10** 为了使抠下来图的边缘过渡的更自然，一般在复制前需进行"羽化"处理。选择菜单栏中的"选择"→"调整边缘"命令，弹出"调整边缘"对话框，在对话框中将"羽化"设置 1 个像素（可根据图片尺寸大小选择合适数值），如图 3-50 所示。

**步骤 11** 复制选区，将选区粘贴到"风景"图中，调整大小、位置，如图 3-51 所示。

**步骤 12** 由于两张图片的光照是不同的，所以要对图片进行光照处理。选择菜单栏中的"滤镜"→"渲染"→"光照效果"命令，弹出"光照效果"对话框，如图 3-52 所示。

**步骤 13** 在对话框中调整光照的方向及光照范围大小，调整后的效果如图 3-53 所示。此外，根据图片的需要，还可对图片加入到不同的背景中，产生不同的效果。

图 3-49 "RGB"通道

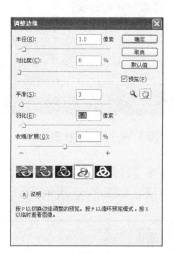

图 3-50 "调整边缘"对话框

图 3-51 粘贴后效果

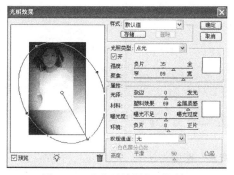

图 3-52 "光照效果"对话框

图 3-53 最后效果

71

## 子任务3　白天变夜晚特效

特效制作部分是 Photoshop 处理图像中很重要的功能之一，Photoshop 中的笔刷、图层样式、效果滤镜等工具为制作特殊效果提供了很大的方便。

**步骤：**

**步骤1**　启动 Photoshop CS3，选择菜单栏中的"文件"→"打开"命令，打开"雪景"图片，如图 3-54 所示。

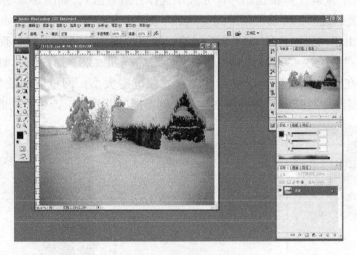

图 3-54　打开素材图片

**步骤2**　在"图层"面板中，将"背景"层复制。拖动"背景"层至"创建新图层"按钮上，可产生一个"背景副本"层，如图 3-55 所示。

图 3-55　复制"背景"图层

**注意**

通常在使用 Photoshop 修改图片时，如果图片是作为背景层，都应该把原图片背景层复制，以免保存后无法恢复。

**步骤 3** 进行亮度、对比度调整。选择菜单栏中的"图像"→"调整"→"亮度/对比度"命令，弹出"亮度/对比度"对话框，设置参数值，效果如图 3-56 所示。

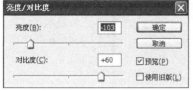

图 3-56 调整"亮度/对比度"后效果

**步骤 4** 要展现夜晚效果，还需对图片进行色调处理。选择菜单栏中的"图像"→"调整"→"曲线"命令，打开"曲线"对话框，调整参数值，效果如图 3-57 所示。

**步骤 5** 制作"雪花"效果。新建图层，单击"图层"面板下方的"创建新图层"按钮，创建"图层 1"，如图 3-58 所示。

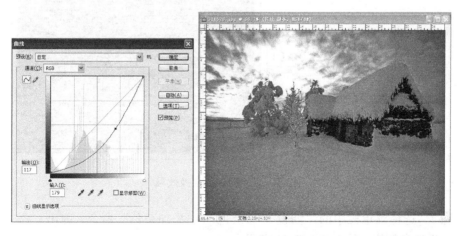

图 3-57 调整"曲线"后的效果

**步骤 6** 在"工具箱"中设置"前景色"为黑色，"背景色"为白色，然后单击"工具箱"中的"油漆桶"按钮，再选择菜单栏中的"编辑"→"填充"命令，弹出"填充"对话框，在"使用"下拉列表框中选择"前景色"项，可将"图层 1"设置为黑色，如图 3-59 所示。

73

注意

　　1）设置"前景色"和"背景色"的方法是：在"工具箱"中双击"前景色"颜色块 ■ ，弹出"拾色器（前景色）"对话框，如图 3-60 所示，在这里可进行颜色的设置。"背景色"的设置方法与设置"前景色"方法相同。

　　2）"油漆桶"工具在"渐变"工具按钮中。

图 3-58　创建"图层 1"

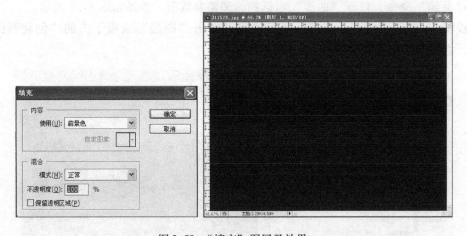

图 3-59　"填充"图层及效果

　　**步骤 7**　选择菜单栏中的"滤镜"→"杂色"→"添加杂色"命令，弹出"添加杂色"对话框，设置参数值，效果如图 3-61 所示。

　　**步骤 8**　设置"雪花"效果。选择菜单栏中的"滤镜"→"其他"→"自定"命令，弹出"自定"对话框，设置参数值，效果如图 3-62 所示。

　　**步骤 9**　单击"工具箱"中的"矩形选框"按钮 ，在"图层 1"中拖动一部分区域，按快捷键 < Ctrl + C > 进行复制，按快捷键 < Ctrl + V > 粘贴，会在"图层"面板中自动创建新的"图层 2"，如图 3-63 所示。

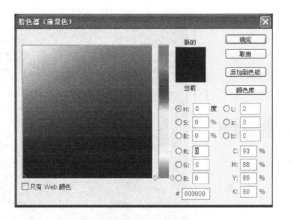

图 3-60 "拾色器（前景色）"对话框

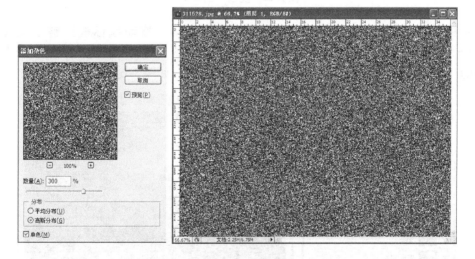

图 3-61 "添加杂色"对话框及效果

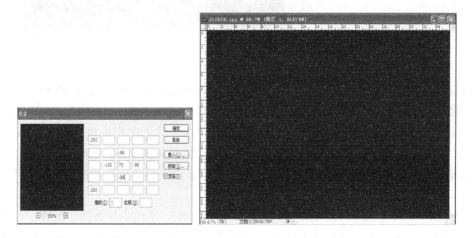

图 3-62 "自定"对话框及效果

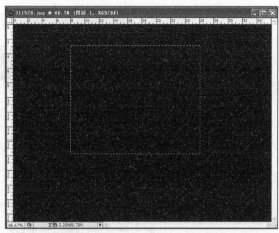

图 3-63　复制"图层 1"

**步骤 10**　调整"雪花"。按快捷键＜Ctrl＋T＞，拖动鼠标框至整个文件，按＜Enter＞键确认。在"图层"面板中，将图层混合模式设置为"滤色"，单击"图层 1"前面的"眼睛"按钮，将其隐藏，出现"雪花"效果，如图 3-64 所示。

图 3-64　隐藏"图层 1"后效果

**步骤 11**　用同样的操作方法，创建"图层 3"，设置后的效果如图 3-65 所示。

**步骤 12**　单击"图层"面板下方的"添加图层蒙版"按钮，为"图层 3"创建一个图层蒙版，单击"工具箱"中的"渐变"按钮，在工具选项栏中设置渐变类型为"线性渐变"，从图像上方到下方垂直拉出一条渐变线，效果如图 3-66 所示。

**步骤 13**　用同样的操作方法，为"图层 2"添加"图层蒙版"并进行"线性"渐变，最后效果如图 3-67 所示。

**步骤 14**　为了增加图片的美观性，为图片中的"树"添加彩灯效果。新建"图层 4"，设置"前景色"为红色，单击"工具箱"中的"画笔"按钮，在工具选项栏中设置画笔样式为"13"，在图片中的树上任意单击鼠标左键，还可适当选择颜色，如图3-68所示。

图 3-65　复制"雪花"后效果

图 3-66　使用"渐变"后效果

图 3-67　"雪花"最后效果

图 3-68　添加"彩灯"后效果

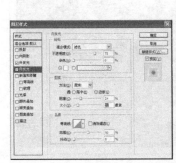

图 3-69　"彩灯"光照效果

图 3-70　"镜头光晕"效果

**步骤 15** 设置"彩灯"光照效果。双击"图层 4",打开"图层样式"对话框,设置参数,效果如图 3-69 所示。

注意

在这里,还可进行"外发光"效果设置,这样会产生更好的效果。

**步骤 16** 在房屋前可适当添加灯光效果。选择"背景副本"图层,选择菜单栏中的"滤镜"→"渲染"→"镜头光晕"命令,弹出"镜头光晕"对话框,设置参数值,效果如图 3-70 所示。

**步骤 17** 用同样的操作方法,再添加另一处灯光,最终制作好的效果如图 3-71 所示。

图 3-71　最终效果

# 任务 4　学会照片管理器——ACDSee 的使用

随着数码产品的高速普及,越来越多的家庭和个人都拥有数码相机,那么如何管理使用数码相机拍摄的照片就显得尤为重要。ACDSee 是目前使用最为广泛的看图工具软件之一,具有对图片进行获取、管理、浏览、优化等功能,操作方式非常简单,支持多种图片格式,目前最新版本是 ACDSee 10.0。

 **知识导读**

ACDSee 10 是一款集图片管理、浏览、简单编辑于一体的图像管理软件,其功能大致可分为 4 部分:看图功能、图片处理功能、打印功能及私人文件夹等。

**1. 看图功能**

选择"开始"→"程序"→"ACD Systems"→"ACDSee 10"命令,打开 ACDSee 10 的主界面,如图 3-72 所示。

ACDSee 10 中增加了快速浏览模式,可以更快速地浏览图片。在快速浏览模式中,还

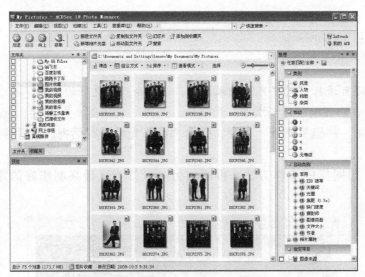

图 3-72　ACDSee 10 主界面

可以对图片进行放大、缩小等显示操作，如图 3-73 所示。

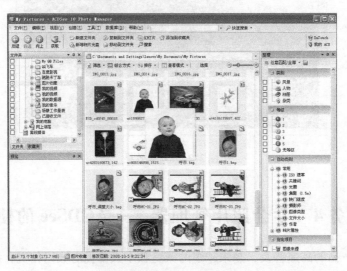

图 3-73　"放大"浏览模式

在 ACDSee 10 中还增加了一个新功能——ACDSee 陈列室，即指定一个文件夹作为陈列室，该文件夹下的图片就会按顺序或随机自动切换。选择"开始"→"程序"→"ACD Systems"→"ACDSee 10 陈列室"命令，在屏幕的右上角会出现一个小窗口，自动切换内容也可随时关闭，如图 3-74 所示。

**2. 图片处理功能**

1）消除红眼、去除杂点。在 ACDSee 10 的主界面中选择"工具"→"在编辑器打开"→"编辑模式"命令，在打开的窗口中选择所需要的工具，再在照片上单击鼠标即可，如图 3-75 所示。修复完成后单击"完成编辑"按钮可回到主界面中。

2）照片颜色处理。有的照片太亮或者太暗，可以使用"阴影/高光"工具对照片进

图 3-74　ACDSee 10 陈列室窗口

图 3-75　"编辑模式"窗口

行颜色上的修复，方法同上，只需单击相应的按钮即可。

　　3）简单图像处理。包括旋转、裁剪、降噪、锐化等。

　　4）ACDSee 不但可以对单个图像进行处理，也可以对多个图像进行批处理，如批处理改变图像大小、图像格式等。

**3. 打印功能**

ACDSee 10 的打印设计更侧重于家庭用户，通过帮助性的向导提供了不同的打印设计选择。

**4. 私人文件夹功能**

私人文件夹功能可以保护隐私文件夹。

## 子任务1　使用 ACDSee 制作电子相册

使用 ACDSee 不仅可以方便地浏览和管理照片，还可以制作电子相册。电子相册就是将计算机里面的所有图片和照片都汇集起来，用缩略图的方式进行显示，便于查阅、浏览和管理。

## 步骤：

**步骤1** 启动 ACDSee 10。

**步骤2** 新建文件夹。选择菜单栏中的"文件"→"新建"→"文件夹"命令，在窗口中会出现一个"新建文件夹"图标，双击"名称框"输入新的文件夹名称为"我的文件夹"，如图3-76所示。

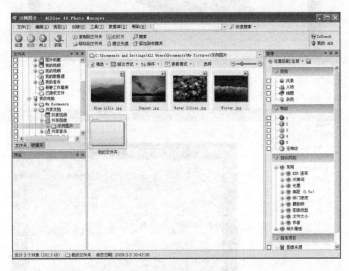

图3-76　新建文件夹

**步骤3** 复制图片。选择多个图片，选择菜单栏中的"编辑"→"复制"命令，双击打开"我的文件夹"，选择"编辑"→"粘贴"命令，将所选图片复制到文件夹中，如图3-77所示。

图3-77　复制图片

**步骤 4** 统一图片的尺寸。在文件夹中选中所有图片，选择"工具"→"调整图像大小"命令，弹出"缩放图像大小"对话框。在对话框中输入宽度、高度，单击"开始缩放尺寸"按钮，系统将对图片进行缩放处理，如图 3-78 所示。

图 3-78　调整图像大小

**步骤 5** 选择相册类型。全部选中修改好的图片，选择"创建"→"创建幻灯片"命令，弹出"建立幻灯片向导"对话框。ACDSee 可以创建 3 种文件格式的幻灯片，选择所需类型进行创建，如图 3-79 所示。

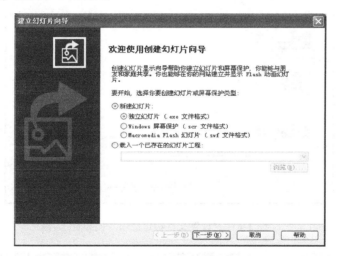

图 3-79　"建立幻灯片向导"的欢迎页面

**步骤 6** 在创建的过程中，可以对图片加入一些特技效果。单击"下一步"按钮，在"选取你的图像"向导页中可通过"添加"和"删除"按钮对图片进行增加或减少，如图 3-80 所示。

**步骤 7** 图片设置好后，单击"下一步"按钮，在"设置文件特定选项"向导页中可以设置图片的转场、标题和音频特效，如图 3-81 所示。转场就设置相册播放时的切换效果，单击"转场"按钮，弹出"转场"对话框，建议勾选"全部应用"复选框；单击"标题"按钮，弹出"标题"对话框，输入图片标题；单击"音频"按钮，弹出"音频"对话框，插入放映时的音乐，如图3-82所示。

图 3-80 "选取你的图像"向导页

图 3-81 "设置文件特定选项"向导页

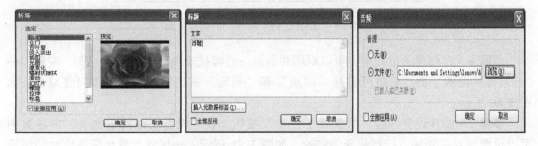

图 3-82 "转场"、"标题"、"音频"对话框

**步骤 8** 全部设置完成后,单击"下一步"按钮,在"设置幻灯片选项"向导页中设置切换时间与背景音乐,如图 3-83 所示。

图 3-83 "设置幻灯片选项"向导页

**步骤 9** 继续单击"下一步"按钮，可完成电子相册的创建。

## 子任务 2 使用 ACDSee 美化图片

用数码相机拍摄的照片，有时需要做一些简单的美化或处理。利用 ACDSee 提供的图像增强功能，可以轻松地对图片进行美化，如调整照片光线、修饰斑点以及对照片进行特效处理等。

### 步骤：

**步骤 1** 调整照片光线。照片可能存在曝光过度或者不足的情况，而 ACDSee 提供了曝光修复功能，双击打开所需修复的图片，选择菜单栏中的"修改"→"曝光度"→"阴影/高光"命令，在编辑面板中调整参数值，可对照片进行修复。也可选择"修改"→"曝光度"→"自动"命令，让 ACDSee 自动修复照片，效果如图 3-84 所示。

**步骤 2** 修饰斑点。选择菜单栏中的"修改"→"相片修复"命令，可以在编辑面板中将人像照片中脸上的斑点去除，效果如图 3-85 所示。

**步骤 3** 照片特效处理。选择菜单栏中的"修改"→"效果"命令，有 8 种不同的效果，根据需要可自行设置，效果如图 3-86 所示。

## 子任务 3 制作个性化桌面

ACDSee 除了有上述功能外，还有制作壁纸的功能。

### 步骤：

**步骤 1** 启动 ACDSee10，选择所需图片。

**步骤 2** 调整图片大小和方向，如果图片很大或很小，则选择菜单栏中的"修改"→"调整大小"命令，如果图片需要调整方向，选择"修改"→"旋转/翻转"

命令。

修复前                    修复后

图 3-84  调整"阴影/高光"效果

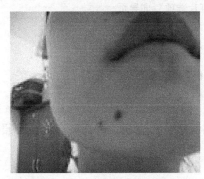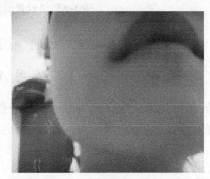

修复前                    修复后

图 3-85  使用"相片修复"命令后的效果

修复前                    修复后

图 3-86  使用"效果"命令后效果

步骤3  剪裁图片。选择"修改"→"剪裁"命令,在"剪裁"编辑面板中通过拖动和调整剪裁区域,选择作为壁纸的那部分图片,如图 3-87 所示。

步骤4  制作壁纸。选择菜单栏中的"工具"→"设置壁纸"→"居中"命令,可将剪

图 3-87 "剪裁"图片

裁的图片作为壁纸使用。

# 学 材 小 结

学生在学习本模块的过程中，应主要了解图形图像处理的基础知识以及使用图形图像处理软件的基本操作技巧；应初步掌握静态图像处理技术的一般方法和操作过程；学会使用"画图"程序、Photoshop 和 ACDSee，掌握这 3 种软件处理图形图像的基本操作，并能对 3 种软件的主要用途进行区分，根据需要选择相应的软件。

**实训任务**

实训 1　利用画图程序绘制如图 3-88 所示的图画。

图 3-88　实训 1 效果图

实训 2　在 Photoshop 中对如图 3-89 所示的两张图片素材进行合成。

图 3-89　实训 2 素材图

# 拓 展 练 习

使用 Photoshop 对图 3-90 所示照片进行特效处理——将白天变成黑夜效果。

图 3-90　拓展练习素材

# 模块 4

## 多媒体视频和动画制作技术

### 本模块导读

视频是一组连续画面信息的集合，与加载的同步声音共同呈现动态的、视觉与听觉相结合的效果，是多媒体技术中最复杂的处理对象。视频信息的处理需要专门的工具软件。视频处理主要包括视频剪辑、视频叠加、视频与声音同步和添加特殊效果等。

动画由很多内容连续但各不相同的画面组成，通过连续播放，使观众在视觉上产生画面连续变化的感觉。在多媒体作品中，动画是最具吸引力的素材。制作动画通常依靠动画制作软件来完成，并以文件形式保存。

本模块主要介绍常见的视频文件和动画文件的格式及其播放工具的使用方法，视频处理软件 Premiere Pro、平面动画制作软件 Gif Animator 以及变形动画制作软件 Morph 的使用方法。通过本模块的学习和实训，学生应掌握多媒体视频和动画技术的相关知识、学会使用 3 种常用的播放器、掌握处理视频的基本方法、掌握制作平面动画和变形动画的基本方法。

### 本模块要点

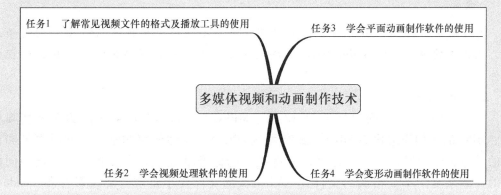

任务1　了解常见视频文件的格式及播放工具的使用

任务3　学会平面动画制作软件的使用

多媒体视频和动画制作技术

任务2　学会视频处理软件的使用

任务4　学会变形动画制作软件的使用

# 任务1　了解常见视频文件的格式及播放工具的使用

## 子任务1　了解常见视频文件和动画文件格式

### 信息卡

医学已证明，人眼具有"视觉暂留"的特性，即人的眼睛看到一幅画或一个物体后，在1/24秒内不会消失。利用这一原理，在一幅画还没有消失前播放出下一幅画，就会在视觉上造成一种流畅变化的效果。因此，电影采用了每秒24幅画面的速度拍摄播放，电视采用了每秒25幅（PAL制式）或每秒30幅（NSTC制式）画面的速度拍摄播放。如果以每秒低于24幅画面的速度拍摄播放，就会出现停顿现象。

### 一、常见视频文件格式

目前，视频文件的格式种类繁多，其中比较常见的是AVI、MPG、DAT、RM、ASF、WAV、MOV等。

#### 1. AVI格式

AVI是Audio Video Interleaved（音频视频交错）的缩写。所谓"音频视频交错"，就是可以将视频和音频交织在一起进行同步播放。这种视频格式的优点是图像质量好，可以跨多个平台使用，缺点是文件体积过于庞大。它是一种符合RIEF（Resources Interchange File Format）文件规范的数字音频与视频文件格式。

Real Player、Windows Media Player和暴风影音等播放器可以播放AVI格式的视频文件。暴风影音播放AVI格式视频文件的界面如图4-1所示。

图4-1　暴风影音播放AVI文件

### 注意

高版本的Windows Media Player播放不了采用早期编码编辑的AVI格式的视频文件，低版本的Windows Media Player又播放不了采用最新编码编辑的AVI格式的视频文件。

#### 2. MPG格式

MPG（MPEG）家族包括了MPEG-1、MPEG-2、和MPEG-4在内的多种视频格式。MPG的平均压缩比为50∶1，最高可达200∶1，压缩效率非常高，同时图像和音响的质量也非常好，并且在计算机上有统一的标准格式，兼容性相当好。就相同内容的视频来说，MPG格式的文件比AVI格式的文件要小得多。暴风影音和Windows Media Player可以播放MPG格式的视频文件。暴风影音播放MPG格式视频文件的界面如图4-2所示。

图 4-2　暴风影音播放 MPG 文件

### 3. DAT 格式

DAT 是 VCD 或 CD 数据文件的扩展名。虽然 DAT 的分辨率只有 $352 \times 240$ 像素，然而它的帧率比 AVI 格式高得多，而且伴音质量接近 CD 音质，因此整体效果还是不错的。播放 DAT 视频文件的常用软件有 XingMPEG、超级解霸和暴风影音等。暴风影音播放 DAT 格式视频文件的界面如图4-3所示。

### 4. RM 格式

Real Networks 公司所制定的音频/视频压缩规范称为 RealMedia。RM 格式是一种流式文件格式，用户可以使用 RealPlayer、豪杰解霸

图 4-3　暴风影音播放 DAT 文件

V8/V9、暴风影音等软件，对符合RealMedia技术规范的网络音频/视频资源进行实况转播，并且 RealMedia 可以根据不同的网络传输速率制定出不同的压缩比率，从而实现在低速率的网络上进行影像数据实时传送和播放。暴风影音播放 RM 格式视频文件的界面如图4-4 所示。

### 5. ASF 格式

ASF（高级流格式）也是一种流式文件格式，能够以多种协议在网络环境下支持数据的传输，支持从 29kbit/s 到 3Mbit/s 的码率，它的内容即可以来自普通文件，也可以来自编码设备实时生成的连续数据流，所以 ASF 既可以传送事先录制好的内容，也可以用于传送实时内容。ASF 格式的文件可以从本地或网络回放，也可以扩充媒体类型。

Windows Media Player 和暴风影音等可以播放 ASF 格式的文件。暴风影音播放 ASF 格式视频文件的界面如图 4-5 所示。

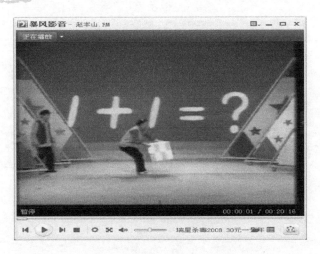

图 4-4　暴风影音播放 RM 文件

### 6. WMV 格式

WMV（Windows Media Video）是一种独立于编码方式在 Internet 上实时传播多媒体的技术标准，它的主要优点包括本地或网络回放、可扩充的媒体类型、部件下载、可伸缩的媒体类型、流的优先级化、多语言支持、环境独立性、丰富的流间关系以及扩展性等。WMV 的应用渐渐取代 ASF。Windows Media Player 和暴风影音等播放器可以播放 WMV 格式的视频文件。暴风影音播放 WMV 格式视频文件的界面如图 4-6 所示。

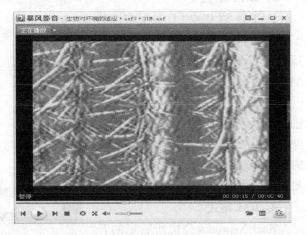

图 4-5　暴风影音播放 ASF 文件

### 7. MOV 格式

MOV 是 QuickTime 的文件格式，是苹果公司开发的专用视频格式，后来移植到 PC 上，与 AVI 大体上属于同一级别（品质、压缩比等），也是网络上的视频格式之一。该格式支持 256 位色彩，支持 RLE、JPEG 等领先的集成压缩技术，提供了 150 多种视频效果和 200 多种 MIDI 兼容音响和设备的声音效果，能够通过 Internet 提供实时的数字化信息流、工作流与文件回放，国际标准化组织（ISO）选择 QuickTime 文件格式作为开发 MPEG 4 规范的统一数字媒体存储格式。

暴风影音可以播放 MOV 格式的视频文件，如图 4-7 所示。

### 二、常见动画文件格式

在多媒体作品中，动画是最具吸引力的素材，具有表现力丰富、直观、易于理解、吸引注意力、风趣幽默等特点。制作动画通常依靠动画制作软件来完成，并以文件形式保存。

图 4-6 暴风影音播放 WMV 文件

图 4-7 暴风影音播放 MOV 文件

动画文件的格式也有多种，如 3DS、AVI、GIF、FLC、MOV、SWF 等，其中 GIF、FLC、SWF 是比较常见的三种。动画文件可以用专门的动画制作软件来制作，如 Macromedia Flash、3D Studio MAX、Animator Studio 和 Morph 等。

### 1. GIF 格式

GIF 格式的动画文件只有 256 色，但经过数据压缩后，体积比较小。考虑到网络传输中的实际情况，GIF 格式除了一般的逐行显示方式之外，还增加了渐显方式。它可以同时存储若干幅静止图像并进而形成连续的动画。播放 GIF 格式动画文件的界面如图 4-8 所示。

### 2. FLC 格式

FLC 是 Autodesk Animator/Animator Pro/3D Studio 等 2D/3D 动画制作软件中采用的彩色动画文件格式。FLC 文件采用行程编码（RLE）算法和 Delta 算法进行无损的数据压缩，首先压缩并保存整个动画序列中的第一幅图像，然后逐帧计算前后两幅相邻图像的差异或改变部分，并对这部分数据进行 RLE 压缩，由于动画序列中前后相邻图像的差别通常不大，因此采用行程编码可以得到相当高的数据压缩率。暴风影音播放 FLC 格式动画文件的界面如图 4-9 所示。

图 4-8 播放 GIF 文件

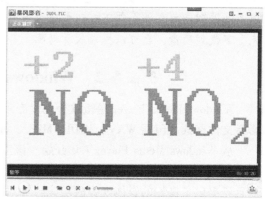

图 4-9 暴风影音播放 FLC 文件

**信息卡**

GIF 和 FLC 格式的文件，通常用来表示由计算机生成的动画序列，其图像相对而言比较简单，因此可以得到比较高的无损压缩率，文件也不大。然而，对于来自外部世界的真实而复杂的影像信息而言，无损压缩便显得无能为力，而且，即使采用了高效的有损压缩算法，影像文件仍然相当庞大。

### 3. SWF 格式

使用 Flash 软件创建的动画文件的格式为 SWF。这种动画格式只有 256 色，但经过数据压缩后，体积比较小，和 GIF 格式一样，是目前比较流行的动画文件格式。Flash 动画是利用矢量技术制作的，不管将画面放大多少倍，画面仍然清晰流畅，质量不会因此而降低。另外，Flash 支持 MP3 格式的音频压缩技术，并允许制作复杂的交互操作。

SWF 动画文件可直接使用 Flash 播放器播放。Flash 播放器播放 SWF 动画文件的界面如图 4-10 所示。

图 4-10　Flash 播放器播放 SWF 文件

**信息卡**

SWF 格式的动画能用比较小的体积来表现丰富的多媒体形式，并且还可以与 HTML 文件相结合。Flash 动画其实是一种"准"流（Stream）形式的文件，在观看的时候，可以不必等到动画文件全部下载到本地再观看，而是随时可以观看，哪怕后面的内容还没有完全下载到硬盘，也可以提前欣赏动画。

## 子任务 2　Windows Media Player 的使用

Windows Media Player 是微软公司发布的影音播放工具，其最新版本几乎支持所有的影音文件格式，包括 WAV、MIDI、MP3 、MPEG、WMV、ASF、RM 等。

从 Windows Media Player 7.0 开始，该工具就有了突破性的改进，新版本的程序完全可以替代系统中安装的所有多媒体工具。从 9.0 版本开始，提供了强大的在线收听支持，而且还提供了良好的媒体库播放功能，针对便携设备的支持，界面外观更换功能，多种播放可视化显示效果，播放任务列表，音乐均衡设备，环绕立体声设置功能，将音频 CD 复制到硬盘中生成 WMA 格式文件功能等。Windows Media Player 的最新版本为 12.0。

### 1. 使用 Windows Media Player 播放视频和动画

**步骤：**

**步骤1** 选择"开始"→"所有程序"→"Windows Media Player"命令，打开 Windows Media Player 播放器，其主界面如图 4-11 所示。

图 4-11　Windows Media Player 主界面

**信息卡**

Windows Media Player 的控制键的功能如下：

1. 播放/暂停：播放或暂停当前的音频、视频或动画文件。

2. 停止：停止播放当前的音频、视频或动画文件。

3. 上一个（下一个）：当播放列表中有多个视频或动画文件时这两个键可用，分别播放当前文件的前一个或后一个文件。

4. 音量：关闭播放声音或者调节播放音量的大小。

5. 全屏：将播放屏幕调为满屏；单击该按钮后此位置将显示"退出全屏"的按钮。

**步骤2** 打开所要播放的视频文件或动画文件。

**信息卡**

打开文件的方法：

1）如果是播放单个或是同一路径下的多个文件，可直接选择"文件"→"打开"命令，并在关联的系统文件列表窗口中选择需要播放的对象即可。

2）如果是播放来自 Internet 的文件，可以选择"文件"→"打开 URL"命令，之后在关联的文本框中输入需要播放的网络文件的 URL 地址，然后单击"确定"按钮即可。

3）如果是播放 DAT 格式的 VCD 视频文件，需要在程序给出播放任务列表窗口时选择"显示所有文件"项。程序并不能直接识别 VCD 影碟。

**步骤3** 根据需求设置 Windows Media Player 播放器。

（1）控制播放效果 选择"查看"→"增强功能"→"显示增强功能"命令，这样增强功能就被显示在了"可视化效果"的下方，如图4-12所示，也可根据需要对增强功能进行设置。

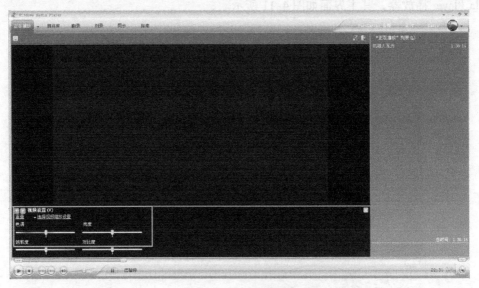

图4-12 显示增强功能

（2）在播放列表中添加文件 对于经常播放的文件，将其添加到程序提供的某个播放任务列表或者是自己创建的播放列表中，这样可以为以后的播放提供方便。添加时，打开相应的文件，选择"文件"→"添加到媒体库"命令，如图4-13所示。

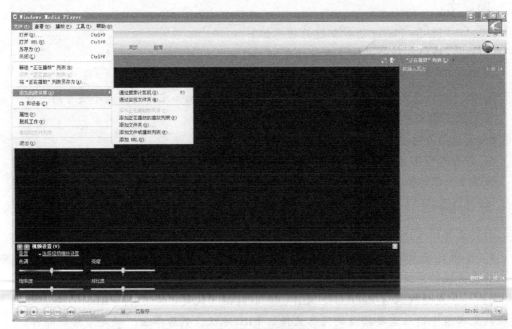

图4-13 添加文件

（3）使用"指南"选项　打开"指南"选项卡，就会出现媒体指南的主页。在这里能看到全新的流行资讯，包括音乐、电影、娱乐新闻、电台等信息，可以搜索用户想要的资料，另外，主页上还提供了 Windows Media Player 的外观免费下载、歌曲的下载等，如图 4-14 所示。

图 4-14　指南

（4）颜色选择器　用于改变播放器的颜色。用户可以根据自己的喜好设置不同颜色的播放器，如图 4-15 所示。

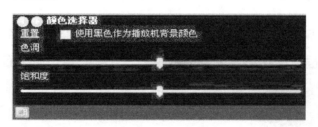

图 4-15　颜色选择器

（5）图形均衡器　一般用户只需设置"图形均衡器"中的"平衡"项功能即可，如图 4-16 所示。

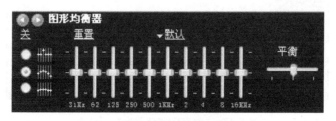

图 4-16　图形均衡器

（6）播放速度设置　此功能比较常用，比如想让歌曲显得悲伤或深情一些的话，可以把播放速度调的慢点。速度调快、调慢完全根据用户的需要来设定，具体的操作是在菜单栏中选择"查看"→"增强功能"→"播放速度设置"命令。

**信息卡**

Windows Media Player 的菜单栏里有文件、查看、播放、工具、帮助 5 个命令菜单。

1）文件：该项中有打开文件、打开 URL、另存为、关闭、新建"正在播放"列表、保存"正在播放"列表、添加到媒体库等命令项。

2）播放：该项中有播放/暂停、停止、播放速度、VCD 或 CD 音频、无序播放、重复、字幕、音量、弹出等命令项。

3）工具：该项中下载、搜索媒体文件、立即处理媒体信息、插件、管理许可证等命令项。

4）查看：该项中有完整模式、菜单栏选项、转至、在线商店、可视化效果、插件、增强功能、统计信息等命令项。

5）帮助：该项中有 Windows Media Player 帮助、Windows Media Player 在线、查看播放机更多信息、查看隐私声明、疑难解答等命令项。

**2. Windows Media Player 播放器的使用技巧**

技巧一：巧用在 Windows Media Player 中的抓图快捷键。

**步骤：**

**步骤 1** 使用 Windows Media Player 播放 RM、RMVB、DVDRip、MPEG、AVI 等格式的电影时，只需要在播放过程中按下 < Ctrl + I > 快捷键，即可捕捉当前电影画面。Windows Media Player 会弹出一个"保存已捕获图像"对话框，默认保存格式为 JPEG。

**步骤 2** 在"保存类型"下拉列表框中选择保存图形的格式，如图 4-17 所示。

图 4-17 "保存已捕获图像"对话框

**注意**

该技巧不适用于 Windows Media Player 播放 ASF、WMV 格式的电影时截图。

## 信息卡

与其他软件一样，Windows Media Player 也支持键盘快捷键，即通过组合按键对 Windows Media Player 进行操作和控制，下面简单列举几个常用的快捷键。

播放/暂停：Ctrl + P        停止：Ctrl + S        增大音量：F10

减小音量：F9        静音：F8        上一首：Ctrl + B

下一首：Ctrl + F        回放：Ctrl + Shift + B        快进：Ctrl + Shift + F

技巧二：将 CD 压缩为 WMA 格式。

### 步骤：

**步骤 1**  首先，在菜单栏中选择"工具"→"选项"命令。

**步骤 2**  在弹出的对话框中选择"翻录音乐"选项卡，在"格式"下拉列表框中显示目前的音乐格式为"Windows Media 音频"，如图 4-18 所示。

**步骤 3**  设置翻录格式为"mp3"，更改完毕后点击"确定"按钮将其保存，便可以直接将 CD 压缩成 MP3 格式了。

技巧三：复制大量 CD。可以通过以下设置让 Windows Media Player 自动完成从 CD 到 MP3 的复制工作，只需将 CD 插入光驱，系统便会自动启动 Windows Media Player 对 CD 进行复制。当复制完成后，光驱也会自动弹出。

### 步骤：

**步骤 1**  选择菜单栏中的"工具"→"选项"命令，点击"翻录音乐"选项卡。

**步骤 2**  勾选"插入 CD 时进行翻录"和"完成翻录后弹出 CD"复选框即可，如图 4-19 所示。

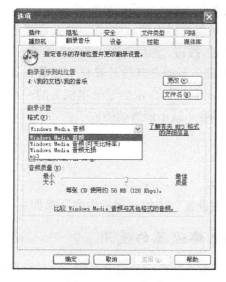

图 4-18  翻录音乐

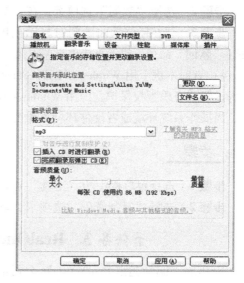

图 4-19  复制 CD

### 3. Windows Media Player 使用中常见问题及解决方法

1）如何在 Windows Media Player 中有效地管理计算机上的多媒体文件?

*步骤：*

**步骤1**　选择菜单栏中的"工具"→"搜索媒体文件"命令。

**步骤2**　在"搜索媒体文件"对话框中设置好搜索范围和搜索条件后，单击"搜索"按钮，Windows Media Player 就会自动搜索本机上的多媒体文件，并且自动进行分类排列。

**步骤3**　要查看 Windows Media Player 搜索的结果，只要单击"媒体库"按钮即可。

2）如何在 Windows Media Player 中制作媒体播放列表？

*步骤：*

**步骤1**　在"媒体库"中单击"新建播放列表"按钮，为播放列表命名。

**步骤2**　选中这个播放列表，打开存放媒体文件的文件夹，把这些文件拖到该播放列表窗口中就可以了。

**步骤3**　如果想调整媒体文件的播放顺序，在媒体文件上单击鼠标右键，在弹出的快捷菜单中选择"上移"或者"下移"命令来调整。

**步骤4**　将这个播放列表导出，可以选择菜单栏中的"文件"→"将播放列表导出到文件"命令。导出的播放列表可以供 Winamp、超级解霸、RealPlayer 等软件读取播放。

3）如何让 Windows Media Player 在播放 MP3 歌曲的时候显示歌词？

*步骤：*

**步骤1**　选中播放列表中要添加歌词的歌曲，单击鼠标右键，在弹出的快捷菜单中选择"属性"命令。

**步骤2**　选择"歌词"选项卡，在"歌词"文本框中输入歌词信息即可。

**步骤3**　要在播放歌曲的同时显示出歌词，选择菜单栏中的"查看"→"正在播放工具"→"歌词"命令，或者直接单击左下角"显示视图"按钮，然后选择"歌词"命令。

4）有时本机上用 Windows Media Player 制作的音乐不能在其他计算机上播放，这是因为设置了音乐版权保护，即用 Windows Media Player 制作的音乐会记录本机上的一些信息，当操作系统环境或者硬件环境发生变化时，这些音乐就不能继续播放了。

*步骤：*

**步骤1**　选择菜单栏中的"工具"→"选项"命令。

**步骤2**　选择"复制音乐"选项卡，取消"复制设置"中的"保护内容"项即可。

### 子任务 3　RealOne Player 播放器的使用

RealOne Player 是由 RealNetworks 公司推出一种音频、视频综合播放系统。该软件同时拥有播放器、自动点唱机、网络收音机、媒体库、设备管理器以及网络浏览器等功能，除了可以播放其特有的 RM 格式的文件外，还可以播放如 MP3、AVI、DVD、DAT、MPG、MPEG 等众多格式的视频媒体文件。

**信息卡**

RealOne Player 一大特点就是多层画面功能，即当一个屏幕播放影碟或歌曲的时候，旁边将有一个侧屏幕提供有关影碟或歌曲的信息或广告。

### 1. 使用 RealOne Player 播放视频和动画

**步骤：**

**步骤1** 选择"开始"→"所有程序"→"RealOne Player"命令，打开 RealOne Player 播放器，如图 4-20 所示。

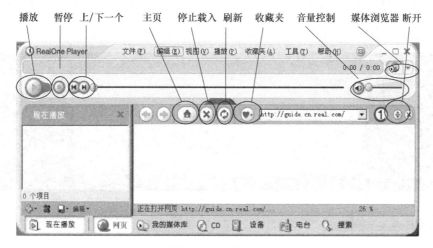

图 4-20 播放界面

**信息卡**

RealOne Player 的控制键的功能如下：

1. 播放/暂停：播放或暂停当前的视频或动画文件。

2. 停止：停止当前的视频或动画文件。

3. 上一个（下一个）：当播放列表中有多个视频或动画文件时这两个键可用，分别播放当前文件的前一个或后一个文件。

4. 音量控制：关闭播放声音或者调节播放音量的大小。

5. 全屏：将播放屏幕调为满屏；单击该按钮后此位置将显示"退出全屏"的按钮。

6. 主页：单击打开 RealOne Player 的首页。

7. 收藏夹：将当前页面添加至收藏夹以便以后使用。

8. 断开（媒体浏览器）：实现播放器和网页浏览器的分离。

9. 停止载入：停止当前网页的运行，退出浏览页面。

**步骤2** 选择菜单栏中的"文件"→"打开"命令，单击"浏览"按钮，如图 4-21 所示。打开"打开文件"对话框，如图 4-22 所示，选择要播放的文件，单击"打开"按钮即可播放文件。

**步骤3** 单击"现在播放"按钮 现在播放 ，就会在界面的下半部分的左边出现一个信息框，显示正在播放的内容信息，如图 4-23 所示。

图 4-21 "打开"对话框

图 4-22 "打开文件"对话框

图 4-23 播放视频文件

信息卡

RealOne Player 打开文件的常用方式有以下几种：

1）利用文件菜单或播放列表中的添加选项。

2）安装 RealOne Player 后，双击要播放的文件。一般的音乐视频都能播放。

3）打开 RealOne Player，把所要播放的文件拖放到窗口里，就能播放。

**2. RealOne Player 常用设置**

（1）设置音效

步骤：

**步骤 1** 打开 RealOne Player，选择菜单栏中的"工具"→"均衡器"命令。

**步骤 2** 对低、中、高音进行设置，如图 4-24 所示。

（2）视频控制

**步骤：**

**步骤1** 打开 RealOne Player，选择菜单栏中的"工具"→"视频控制"命令。

**步骤2** 对"颜色级别"和"清晰度"进行设置，如图 4-25 所示。

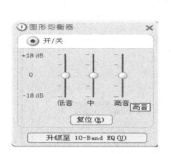

图 4-24 图形均衡器

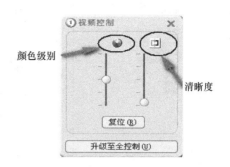

图 4-25 视频控制

（3）连接宽带设置

**步骤：**

**步骤1** 打开 RealOne Player，选择菜单栏中的"工具"→"首选项"命令，如图 4-26 所示。

**步骤2** 打开"首选项"对话框，单击左侧的"连接"项，如图 4-27 所示。在右侧的"最大"下拉列表框中，根据需要设置带宽，一般设置为"56.6 Kbps"或"办公室局域网（10 Mbps 及以上）"

**3. RealOne Player 播放器的使用技巧**

技巧一：加快 RealOne Player 启动速度。

**步骤：**

**步骤1** 在 RealOne Player 安装文件夹中搜索 firstrun. smi 和 getmedia. ini 两个文件，然后将它们更名，比如分别改为"firstrun_bak. smi"和"getmedia_bak. ini"。

**步骤2** 再做一点小小的修改，效果会更好，例如选择菜单栏中的"视图"→"专辑信息"→"隐藏"命令，隐去作品简介。

**步骤3** 如果不常使用 RealOne Player 媒体浏览器的话，关闭它，对加速启动过程也有明显效果。单击播放器窗口右上角"地球"图标旁边的箭头，断开媒体浏览器，再关闭浏览器或者直接按快捷键 < Ctrl + B >，效果一样。

图 4-26 "工具"选项

103

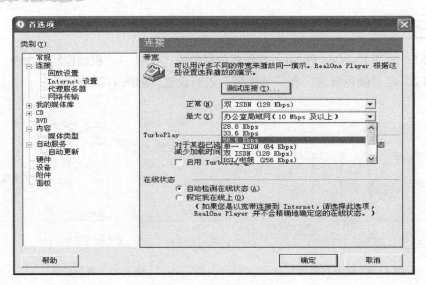

图 4-27 "首选项"对话框

技巧二：播放双语电影。

**步骤:**

**步骤1** 双击系统任务栏中的音量调节图标，打开"音量控制"面板，关掉不想听的声道即可。

**步骤2** 也可以选择菜单栏中的"工具"→"均衡器"命令，通过调节均衡器，将不想听的部分关闭。

**注意**

初始状态下，RealOne Player 均衡器仅为 3 段，功能很弱。单击均衡器面板上的升级按钮，可以升级为 10 段，调节效果会好得多。

技巧三：几个"隐藏"的快捷按钮。在 RealOne Player 窗口上，有几个小图案，看上去并不起眼，但它们有各自的专门用途，可以给操作带来便利。

**步骤:**

**步骤1** 单击播放器右上角的"地球"图标，可以快速关闭或者打开 RealOne Player 的媒体浏览器窗口。

**步骤2** 单击播放器右下角的喇叭按钮，可以快速打开或关闭声音。

技巧四：使网上播放更加连贯的技巧。

**步骤:**

**步骤1** 选择菜单栏中的"工具"→"首选项"命令，打开"首选项"对话框，单击左侧窗口中的"播放设置"项，在右侧窗口中的"更多选项"项目栏中将缓冲时间改得长一点即可。

**步骤2** 在左侧窗口中单击"内容"项，在右侧"剪辑高速缓存"项目单中单击"设置"按钮，将"剪辑高速缓存大小"的值改得大一些。这样，以后欣赏网上影音就更连贯了。

### 4. 在 RealOne Player 中设置"断点续播"

#### 步骤：

**步骤1** 暂停播放的电影，选择菜单栏中的"收藏夹"→"将剪辑添加至收藏夹"命令，打开"将剪辑添加至收藏夹"对话框，如图4-28所示。

**步骤2** 勾选"开始时间"复选框，其后的数字就是该电影播放到的当前时间，按"确定"按钮将其添加至收藏夹中。

**步骤3** 当以后要从上次中断位置接着看时，只需从"收藏夹"中选择收藏的相应项目，即可实现电影的"断点续播"。

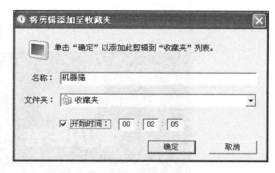

图 4-28　断点继续设置

**信息卡**

RealOne Player 中的快捷键：

1）播放器控制快捷键。

Ctrl + P：播放/暂停；Ctrl + R：上一个剪辑；Ctrl + ]：快进；Ctrl + S：停止；Alt + ]：10 倍速快进；Ctrl + T：下一剪辑；Ctrl + 上箭头：调大音量；F11：静音

2）视图控制快捷键。

F7：正常模式；Ctrl + 1：原始大小；F8：工具栏模式；Ctrl + 2：双倍大小；

F9：影院模式；Ctrl + 3：全屏影院模式；Ctrl + Shift + 上箭头：放大；

Ctrl + Shift + 下箭头：缩小；Alt + F4：关闭窗口/程序；Alt + M：打开工具栏菜单

## 子任务4 暴风影音（MPC）的应用

风暴影音（MPC）是一款功能全面的媒体播放软件，配合 Windows Media Player 最新版本，可完成当前大多数流行影音文件、流媒体、影碟等的播放。作为对 Windows Media Player 的补充和完善，暴风影音目前定位为一种软件的整合和服务，而非一个特定的软件。它提供对绝大多数影音文件的支持，包括 RealMedia、QuickTime、MPEG-4、MPEG-2、HDTV、VP3/6/7、XVD、Indeo、Theora、AC3/DTS/LPCM、Matroska、OGG/OGM、AAC、APE、FLAC、TTA、MPC、FLC、TTL2、3GP/AMR、Voxware 等。

**信息卡**

暴风影音采用 NSIS 封装，为标准的 Windows 安装程序，特点是单文件多语种（目前为简体中文 + 英文），具有稳定灵活的安装、卸载、维护和修复功能，并对集成的解码器组合进行了尽可能的优化和兼容性调整，适合大多数以多媒体欣赏或简单制作为主要使用需求的用户。

**1. 使用暴风影音播放视频和动画**

*步骤：*

**步骤1** 选择"开始"→"所有程序"→"暴风影音"命令，打开暴风影音播放器，主界面如图 4-29 所示。

播放/暂停　停止　上一个　下一个　音量　　全屏　截屏　设置

图 4-29　暴风影音主界面

**信息卡**

暴风影音的控制键的功能如下：

1. 播放/暂停：播放或暂停当前的视频或动画文件。

2. 停止：停止当前的视频或动画文件。

3. 上一个（下一个）：当播放列表中有多个视频或动画文件时这两个键可用，分别播放当前文件的前一个或后一个文件。

4. 音量：关闭播放声音或者调节播放音量的大小。

5. 全屏：将播放屏幕调为满屏；单击该按钮后此位置将显示"退出全屏"的按钮。

6. 截屏：将单击按钮时文件播放的画面保存到指定的位置上。

7. 设置：单击该按钮后弹出一个对话框，可设置播放文件的音频、视频及字幕。

**步骤2** 打开所要播放的视频文件或动画文件。

**信息卡**

暴风影音打开文件的常用方式：

1）选择菜单栏中的"打开"命令或单击播放列表中的"添加"按钮。

2）安装完暴风影音后，双击要播放的文件，一般的音乐视频都能播放。

3）打开暴风影音，把所要播放的文件拖放到窗口界面里。

**步骤3** 根据需求设置暴风影音播放器。

（1）单击"设置"按钮，弹出"设置"对话框，可进行相关功能的设置，如图 4-30

所示。

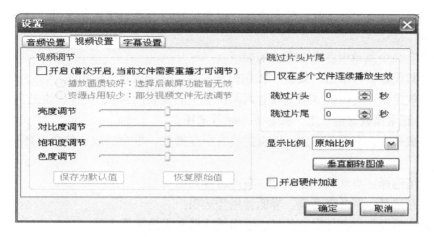

图 4-30　"设置"对话框

信息卡

"视频设置"选项卡中主要有视频调节、跳过片头片尾、显示比例及垂直翻转图像 4 大功能。

1）视频调节：可以对视频画面的亮度，画面颜色的对比度、饱和度及色度进行调节。当选中"开启（首次开启，当前文件需要重播才可调节）"复选框时下面的单选项才可以使用。

2）跳过片头片尾：在"跳过片头"和"跳过片尾"后的文本框中分别输入需要自动跳过的片头及片尾时长，暴风影音将不会播放该视频相应时长的片头和结尾。另外，如果需要同时进行多部电视剧的连续播放且需要自动跳过的片头或片尾的时长又相同，则只要选中"仅在多个文件连续播放生效"复选框即可。

3）显示比例：可选择 5 种显示比例，分别为原始比例、铺满播放窗口、按 16∶9 显示、按 5∶4 显示及按 4∶3 显示。

4）垂直翻转图像：将画面垂直翻转。

（2）利用暴风影音的菜单栏进行相关设置

信息卡

暴风影音的菜单栏里有文件、播放、DVD 导航、显示、收藏、帮助 6 个命令菜单。

1）文件：该项中有打开文件、打开碟片、打开 URL、打开方式（高级）、打开最近播放、手动载入字幕、截屏、属性、等命令项。

2）播放：该项中有播放/暂停、停止、播放控制、视频设置、音频设置、字幕设置、播放列表、声道选择、音量、播完后操作及高级选项等命令项。

3）DVD 导航：该项中有上一段、下一段、调至、配音语言、字幕语言、视角、主菜单、标题菜单、字幕菜单、音频菜单、视角菜单及章节菜单等命令项。

4）显示：该项中有全屏、显示比例、最小界面、前端显示、换肤、更换颜色及皮肤管理器等命令项。

5）收藏：该项中有首次退出时播放进度、添加到收藏夹及管理收藏夹等命令项。

6）帮助：该项中有主页、官方论坛、检查更新、不可播提交与反馈、诊断报告及关于等命令项。

"播放"命令菜单中各命令项功能如下：

1）视频设置：与单击"设置"按钮打开的对话框的设置方法相同。

2）播放控制：有转到（播放设置时间位置上的视频画面）、快进、快退、加速播放、减速播放、正常播放速度、上一帧、下一帧等选项。

3）播放列表：有循环播放、随机播放、顺序播放、单个播放、单个循环播放及清除播放列表项。

4）声道选择：有默认、左声道、右声道等选项。

5）音量选择：有升高音量、降低音量等选项。

6）播完后操作：有休眠、关机、退出播放器和无操作等选项。

7）高级选项：设置"全局控制"、"格式关联"、"字幕显示"、查看"快捷键"及"其他设置"等选项。

"显示"命令菜单中各命令项功能如下：

1）全屏：设置播放画面占满整个桌面。

2）显示比例：与"设置"对话框中"视频设置"选项卡里的显示比例功能及方法相同。

3）最小界面：将播放画面缩小到软件默认的最小画面，此时，菜单栏及下面的控制按钮不可见，单击鼠标右键可进行画面大小设置。

4）前端显示：有"从不"、"始终"、"播放时"等 3 个选项。当还有别的活动窗口时，选择"从不"，则播放器被遮住；选择"始终"，则播放器在活动窗口的前面，播放画面仍可见；选择"播放时"，则只有视频播放时播放器在活动窗口的前面，否则播放器被遮住。

5）换肤：选择后将改变播放器的外观，但播放器各选项和按钮的功能不会改变，有"默认"、"暴风 1 经典"、"暴风 2 经典"等选项。

6）更换颜色：主要是改变播放器外观线条及图形的颜色，有"默认"和各颜色选项。

7）皮肤管理器：主要是设置对播放器的外观操作。单击后出现"皮肤管理器"对话框，有"已有皮肤"、"访问官方皮肤中心"、"安装其他皮肤"及"下载最新皮肤"等选项。

**2. 暴风影音设置范例**

（1）在暴风影音中设置双字幕　现在很多字幕文件都嵌入了多语言支持，如中文和英文。

### 步骤：

**步骤 1**　在桌面上单击鼠标右键，在弹出的快捷菜单中选择"属性"命令，打开"显示属性"对话框，切换到"设置"选项卡，将"颜色质量"设置为"最高（32 位）"。

**步骤 2**　打开带有双字幕的 DVDRip 文件，暴风影音会自动加载 VSFilter（DirectVob-Sub），在暴风影音的菜单栏中选择"查看"→"选项"命令，在左边窗口中选择"回放"

目录下的"输出"项，在右侧窗口的"DirectShow 视频"栏中设置为"VMR7（无转换）"或者"VMR9（无转换）"。

**步骤3** 再选择"字幕"目录下的"默认样式"项，勾选"覆盖位置"复选框，设置一下字幕的显示位置。注意该位置不要与 DirectVobSub 调用的字幕位置重合以免影响正常观看，如图 4-31 所示。

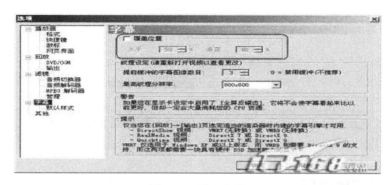

图 4-31 设置字幕

（2）在暴风影音中调节视频画面比例 有时候，一边看电影一边进行其他操作，需要设置视频画面不同的显示大小，并可以将这些大小设置方案保存起来，方便随时切换。

**步骤：**

**步骤1** 选择菜单栏中的"查看"→"全景"→"编辑"命令，单击"新建"按钮，弹出"全景和扫描预设"对话框。

**步骤2** 在"位置"和"缩放"文本框中设置大小参数，其中"位置"栏的数字设置在 0.0 ~ 1.0 之间，"缩小"栏的数字设置在 0.2 ~ 3.0 之间，并为该方案起个名字（如 New），完成后单击"保存"按钮，如图 4-32 所示。

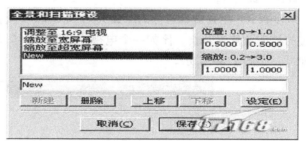

图 4-32 "全景和扫描预设"对话框

**步骤3** 当需要调节大小时，只需选择"查看"→"全景"→"New"命令即可。如果想恢复窗口的大小只需选择"查看"→"全景"→"复位"命令或者直接按下数字键 <5>。

（3）使用暴风影音收看在线视频

**步骤：**

**步骤1** 运行暴风影音目录下的 mpcassoc. exe 文件，该文件是用来重新建立文件关联的程序。

**步骤2** 选中"进行文件关联"项，单击"下一步"按钮。在关联列表中选中"流媒体协议 mms：//"、"实时流协议（rtsp：//)"、"RealNetworks 流协议（pnm：//)" 3 项，如图4-33所示。单击"确定"按钮后就可以观看在线视频了。

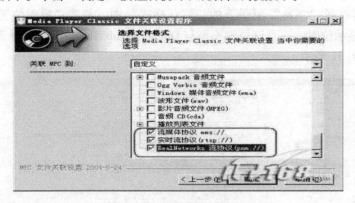

图4-33　媒体文件关联设置

### 3. 暴风影音的使用技巧

技巧一：看影片"斩头去尾"。视频一般都各有一个"片头"和"片尾"，如果反复欣赏影片或需要多部连续剧连续播放的话，则这个"片头"和"片尾"就会占用不少等待时间。在暴风影音中，可以将其片头和片尾一次性"掐去"。

### 步骤:

**步骤1**　在暴风影音中打开需要播放的影片或电视剧。

**步骤2**　在菜单栏中选择"播放"→"视频调节"命令，打开"设置"对话框，单击"视频设置"选项卡。

**步骤3**　在其窗口右侧的"跳过片头"和"跳过片尾"框中分别输入需要自动跳过的片头及片尾时长，比如一个电视连续剧的片头大致有2分钟，用户只要输入120秒即可，如图4-34所示。

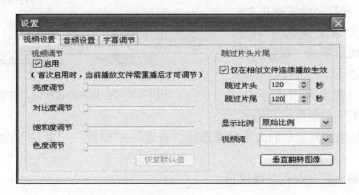

图4-34　"视频设置"选项卡

技巧二：看影片"光照滤镜"。在数码照片的后期处理技术中，用户可以用 Photoshop 等图像处理软件，将那些画面比较昏暗的照片进行"加亮"处理。而在暴风影音中，对于那些色彩和亮度都比较昏暗的"老电影"，也可以对其进行"加亮"处理。

### 步骤：

**步骤1** 打开目标影片，在影片播放到画面比较暗淡或比较模糊的区域时，选择菜单栏中的"播放"→"视频调节"命令，打开"设置"对话框。

**步骤2** 在"视频设置"选项卡中，通过拖曳相关滑块即可进行所播放影片画面的亮度、对比度、饱和度和色度等的即时调节。整个手动调节的过程中，软件支持即时同步的效果预览。

技巧三：看影片"一键控制"。所谓"一键控制"，即暴风影音提供的操作快捷键。常用的快捷键有：

1）< Ctrl + M >实现一键静音。

2）< Space >可立即暂停当前播放。

3）< Ctrl + → >和< Ctrl + ← >分别为快进及快退播放。

### 注意

选择菜单栏中的"播放"→"高级选项"命令，在弹出的"高级选项"对话框中单击"快捷键"项，即可显示所有的快捷键设置。

**4. 暴风影音使用中常见问题及解决方法**

（1）播放 RM 文件不正常　在播放 RM、RMVB 文件的时候出现异常，如不能播放、播放没有图像、无法通过暂停或停止按钮来控制播放等。这可能是由于暴风影音所支持的 Real 格式模式的设置所造成的，要解决该问题，可以尝试如下的操作：

### 步骤：

**步骤1** 运行暴风影音，在菜单栏中选择"查看"→"选项"命令，在打开的选项窗口左侧选择"格式"项。

**步骤2** 在右侧的扩展名列表中选择"Real 媒体文件"命令，将实时媒体流协议句柄设置改为"DirectShow"。最后，单击"确定"按钮即可，如图 4-35 所示。

图 4-35　Real 媒体文件设置

（2）无法播放 MP4 文件　在播放采用 QuickTime Pro 制作的 MP4 文件时，暴风影音无法进行播放。这是由于默认情况下，标准的 MP4 文件采用了 DirectShow 渲染，而采用 QuickTime Pro 制作的 MP4 文件采用了 QuickTime 渲染。解决该问题的设置方法如下：

**步骤：**

**步骤 1** 在系统的"开始"菜单中，选择"所有程序"→"暴风影音综合设置"命令。

**步骤 2** 在打开的窗口左侧"任务"中选中"MPEG-4 解码设置"项，单击"下一步"按钮。

**步骤 3** 在打开的窗口中将"MP4 渲染方式"改为"QuickTime"。最后，单击"确定"按钮即可。

**注意**

在下次观看标准 MP4 文件的时候，别忘了将 MP4 渲染方式改回"DirectShow"。

（3）无法加载字幕　默认情况下，在暴风影音中是无法给 RMVB 文件加载字幕的，要添加字幕必须进行相应的设置。

**步骤：**

**步骤 1** 在菜单栏中选择"查看"→"选项"命令，打开"选项"对话框，在左侧选择"回放"下的"输出"项。

**步骤 2** 在右侧的窗口中，在"DirectShow 视频"中选择"WMR7（无转换）"项，如图 4-36 所示。

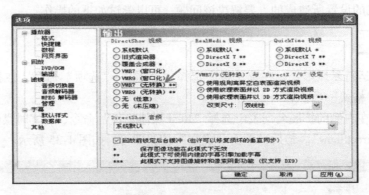

图 4-36　加载字幕设置

若播放的是在线视频，可以按如下设置：

**步骤 1** 打开"选项"对话框，在左侧选择"回放"下的"输出"项。

**步骤 2** 在右侧的窗口中，将"RealMedia 视频"设置为"DirectX 7"，单击"确定"按钮即可。

**步骤 3** 回到暴风影音主窗口，选择菜单栏中的"文件"→"载入字幕"命令，然后选择字幕文件，单击"打开"按钮即可完成字幕的加载。

（4）播放影片时断时续　用暴风影音在线收看一些影片时，视频缓冲常导致影片播放时断时续。这时可以打开"选项"对话框，在左侧的窗口中选择"播放器"项，在右侧窗口中勾选"提高处理进程优先级"复选框即可。

（5）视频播放支持"断点续传" 一部影片通常有两个小时左右，如果需要被迫中断影片的播放，可以在暴风影音中给当前正在播放的影片插入一个"播放记忆"的隐形标签，让视频播放具有"接着看"的断点续传功能。具体操作如下：

### 步骤：

**步骤1** 在中断电影播放前打开暴风影音的"收藏"菜单，选择"添加到收藏夹"选项，勾选"记住位置"选项，再单击"确定"按钮。

**步骤2** 下次接着看时，直接打开暴风影音收藏夹，选择该影片即可继续观看。

## 任务2 学会视频处理软件的使用

### 子任务1 认识视频处理软件 Adobe Premiere Pro

 **知识导读**

Adobe Systems 公司 2003 推出了优秀的视频编辑软件 Adobe Premiere Pro，融视频、音频处理功能于一体，功能强大。

**1. Premiere Pro 的简介**

Premiere Pro 是 Adobe 公司自 1991 年推出 Premiere 系列视频处理软件以来的最重要升级版本。Adobe Premiere Pro 被重新设计，能够提供强大、高效的增强功能和先进的专业工具，包括尖端的色彩修正、强大的新音频控制和多个嵌套的时间轴，并专门针对处理器和超线程进行了优化。Adobe Premiere Pro 中的一切功能都为视频专业人员进行了优化，从可以单击和拖拉的运动路径的改进，到获得很大增强的媒体管理功能，以及带来大量 Adobe 字体和模块的字幕工具，Premiere Pro 为专业人员提供了编辑素材获得播放品质所需要的一切功能。

Adobe Premiere Pro 把广泛的硬件支持和坚持独立性结合在一起，能够支持高清晰度和标准清晰度的电影胶片。用户能够输入和输出各种视频和音频模式，包括 MPEG-2、AVI、WAV 和 AIFF 等格式的文件。另外，Adobe Premiere Pro 文件能够以工业开放的交换模式 AAF（Advanced Authoring Format，高级制作格式）输出，用于进行其他产品的工作。

利用基于 Windows XP 的全新的、集成的 Adobe 工作流程，用户能够在一个由 Adobe Premiere Pro 提供的先进编辑环境中，把视频和音频转换为一个引人入胜的故事。

**2. Premiere Pro 的特点**

1）实时采集视频和音频。配合使用计算机上的视频卡，Adobe Premiere Pro 可以实现对模拟视频和音频信号的实时采集，也可以下载磁带上的数字视频和音频。使用 Adobe Premiere Pro 还可以在采集过程中对视频和音频信号进行调整并进行修补。

2）强大的兼容性。Adobe Premiere Pro 可以支持众多的文件格式，如 TGA、JPF、TIF 和 WAV 等，从而方便了与其他软件的结合使用。

3）叠加和字幕。Adobe Premiere Pro 提供的字幕制作窗口与操作系统采用相同的界面，应用十分方便。另外，使用 Adobe Premiere Pro 可以制作中文字幕和图形字幕。

4）非线性编辑和后期处理。Adobe Premiere Pro 中可以设置多达 99 条的视频和音频轨道，以帧为单位，精确编辑视频和音频并使其同步。另外，Adobe Premiere Pro 提供了多种过渡和过滤效果，还可进行运动设置，从而可以实现在许多传统的编辑设备中无法实现的效果。

### 3. Premiere Pro 的视频处理功能

Adobe Premiere Pro 在制作流程中的每一方面都获得了实质性的发展，允许专业人员用更少的渲染时间做更多的编辑。Premiere 编辑器能够制定键盘快捷键和工作范围，创建一个熟悉的工作环境。

1）全解析度画面。采用 NTSC 格式、PAL 格式，或者对 VGA Monitors 提供编辑时的实时全解析度画面。

2）实时效果。内置上百种实时视频与音频特效，供用户选择使用。

3）实时字幕。以实时、全解析度方式生成广播级质量的字幕，如图 4-37 所示。

4）实时色彩校正。校正色调、饱和度、亮度以及其他色彩要素，可以得到实时的画面反馈。内建波谱图与矢量监视器，提供广播级的色彩监视效果，供用户观察色彩光谱与衰减。

图 4-37　实时字幕示意图

5）实时运动路径。关键帧控制以及内建子像素定位生成更加流畅准确的运动路径。

6）多重、可套用的时间线。采用多重、可套用的时间线实现自由复杂项目对象的高效控制，如图 4-38 所示。

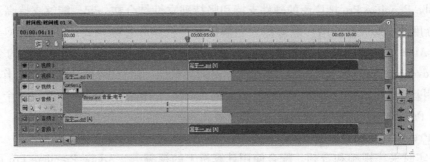

图 4-38　多重、可套用的时间线

7）可固定位置的调色板。使用可固定位置的调色板，可以在编辑面板之间很快地转换功能，很容易组织工作空间。

8）增强交互式项目窗口。使用增强的项目窗口调整入点与出点，生成定制的列表选择区域。还可通过缩略图指示的文件编辑细节，故事板以及标准的定位栅格，如图4-39所示。

9）重新设计的预览窗口。此预览窗口改进显示流畅性以及增强控制特性。

10）独立素材修剪画板。设置单独的修建画板，实时观察修剪效果。通过修剪画板控制倒转、分割、交叠。

11）增强音频混音器特性。直接录制音频信号到时间线上，对整个音频轨或者更多音频素材添加混音器特效。利用帧内采样控制，允许以1/96000秒为单位精确调节音频片段。可以进行更为精确的降噪工作，如图4-40所示。

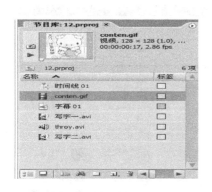

图 4-39　增强交互式项目窗口

图 4-40　增强音频混音器特性

12）增强 DV 采集特性。运行一次捕捉自动进行分场景侦测采集，集成了现有某些独立分场精彩及软件的功能。

13）5.1 声道环绕立体声支持。增强制作多声道音频信号支持功能。

14）VST 插件支持。支持 VST 高级音频插件体系，内置 17 种 VST 插件增强音频编辑特性。

15）音频注解录制。监视话筒，按照顺序把制作者的话音录制到专门的叙述轨中，即音频注解。用户不用再费力地书写编辑注解。

16）支持高采样率音频文件。导入、编辑、输出音频文件质量可达 24bit，96kHz。

17）本地 YUV 键值处理。利用本地 YUV 键值处理保护视频文件制式转换过程中的色彩带宽，避免转制以及编辑中色彩失真。

**4. Premiere Pro 的用途**

1）编辑电视节目。电视工作者需要经常反复修改节目，但是修改是非常麻烦的，其工作量并不亚于编辑一个新节目。能对视频、音频进行编辑并制作出独特的视听效果，是每一个电视工作者梦寐以求的事，而这方面正是 Adobe Premiere Pro 的特长。

2）多媒体制作。多媒体软件制作中，会经常处理一些视频素材。可以使用 Adobe Premiere Pro 来完成视频处理的任务。

3）VCD 制作。使用 Adobe Premiere Pro，就可以很方便地制作出高水准的 VCD，既省时又省钱。

4）计算机游戏开发。在开发计算机游戏时，有些视频片段融合在游戏中，增强游戏的真实感，可以使用 Adobe Premiere Pro 来完成视频处理的任务。

5）制作网页。随着现在的网站日益增多，网页制作已经成为普通的技能，在网页中插入视频也成为流行的趋势。对于网页上的视频制作，Adobe Premiere Pro 也提供了强大的支持。

6）制作商业广告。可以使用 Premiere Pro 来制作精美的影视广告。

## 子任务 2　Adobe Premiere Pro 2.0 的安装

### 步骤：

**步骤 1**　下载或复制 Adobe Premiere Pro 2.0 的安装文件，解压并存放到指定文件夹中，如图 4-41 所示。

**信息卡**

下载软件可以到单机软件下载网站如多特网、天空网、华军网、绿色软件联盟等进行免费下载。

**步骤 2**　双击运行安装文件 setup. exe，弹出使用语言选择界面，如图 4-42 所示。

**步骤 3**　选择语言后，单击"OK"按钮，进入安装界面，如图 4-43 所示。

图 4-41　解压后的安装文件

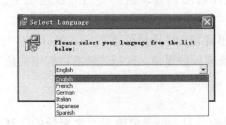

图 4-42　语言选择界面

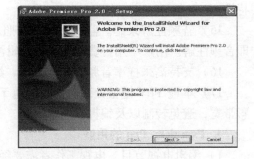

图 4-43　安装界面

**步骤 4**　单击"Next"按钮，进入安装路径选择界面，如图 4-44 所示。

**注意**

默认的安装路径为"c：\Program Files \ Adobe \ Adobe Premiere Pro 2.0 \ "，若要更改安装路径，则单击"Change…"按钮进入路径选择界面，选择指定的路径后单击"确定"

按钮即可。

**步骤5** 设定安装路径后，单击"Next"→"Install"按钮可直接进行安装，如图 4-45 所示。

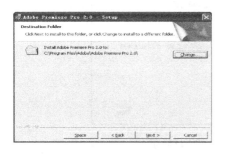

图 4-44 安装路径选择界面

图 4-45 安装过程界面

**步骤6** 安装结束后，弹出安装完成界面，如图 4-46 所示，单击"Finish"按钮结束安装。

**步骤7** 软件安装完成后，可使用 Premiere Pro 汉化包进行汉化。首先将汉化包文件下载或复制到指定文件夹中，如图 4-47 所示。

图 4-46 安装完成界面

图 4-47 汉化文件

**步骤8** 双击运行汉化文件，单击"下一步"按钮，进入安装向导的许可协议界面，如图 4-48 所示。

**注意**

此时默认选项为"不同意此协议"，若要继续安装，则需要单击"我同意此协议"按钮。

**步骤9** 单击"下一步"按钮继续，进入组件选择界面，如图 4-49 所示。用户可直接勾选所需的安装组件，再单击"下一步"→"安装"按钮即可继续安装。等待安装完成后，单击"完成"按钮即可结束汉化过程。

**信息卡**

Premiere pro 系统安装标准配置：

1）CPU：Intel Pentium 4、Intel Centrino、Intel Xeon、Intel Core TM Duo 处理器、AMD

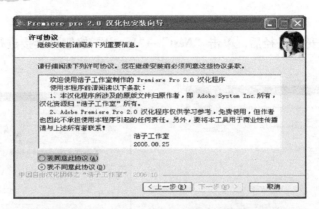

图 4-48　安装向导的许可协议界面

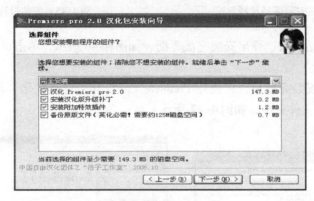

图 4-49　组件选择界面

系统需要支持 SSE2 的处理器。

2）操作系统：Microsoft Windows XP Professional、Microsoft Windows 2000、Windows Vista™ Home Premium、Business、Ultimate 或 Enterprise（已经过认证，支持 32 位版本）。

3）内存及可用硬盘空间：DV 制作需要 1GB 内存；HDV 和 HD 制作需要 2GB 内存及 10GB 可用硬盘空间（在安装过程中需要额外的可用空间）；DV 和 HDV 编辑需要专用的 7200 RPM 硬盘；HD 需要条带化的磁盘阵列存储空间（RAID 0），最好是 SCSI 磁盘子系统。

4）其他需求：1280×1024 像素显示器分辨率，32 位视频卡；Adobe 建议使用支持 GPU 加速回放的图形卡；Microsoft DirectX 及 ASIO 兼容声卡；对于 SD/HD 工作流程，需要经 Adobe 认证的捕捉卡来捕捉并导出到磁带；DVD-ROM 驱动器；使用 QuickTime 功能需要 QuickTime7 软件；产品激活需要 Internet 或电话连接。

### 子任务 3　使用 Adobe Premiere Pro 2.0 处理视频的范例

本任务通过一个实际制作的例子，介绍使用 Premiere Pro 2.0 软件处理视频的步骤和要领，并介绍一些灵活的操作方法。范例的具体内容如下。

表现主题："清华园欢迎您"的视频伴有背景音乐和朗读，视频是由静止图片和视频合成，音频通过背景音乐和朗读特效合成。画面尺寸为 240×320，输出文件格式为 AVI。

制作此范例所需素材：①清华园的视频文件；②背景音乐和朗读文件的音频文件；

118

③多幅清华园的静止图片文件。按照如上要求，制作出把音频和视频进行合成的成品，并进一步完善。

**步骤:**

**步骤1** 选择"开始"→"所有程序"→"Premiere Pro 2.0"命令，进入其用户初始界面，如图4-50所示。

图4-50 Premiere Pro 2.0初始界面

**步骤2** 单击"新建节目"图标，选择"载入预置"选项卡，如图4-51所示。

图4-51 "载入预置"选项卡

**注意**

载入预置时，通常要选择"DV-PAL"制式的"标准48kHz"项。

**步骤3** 载入预置后，选择"自定配置"选项卡，进行参数的设置，如图4-52所示。

**注意**

在自定配置时，一般设置如下：编辑模式是"桌面模式"，帧速率为"25.00帧/秒"，帧大小为"640×480"，像素比为"正方换面（1.0）"，场格式为"无场（逐行扫描）"，显示格式为"25FPS时码"，其他的选择默认选项，单击"确定"按钮载入设置即可。

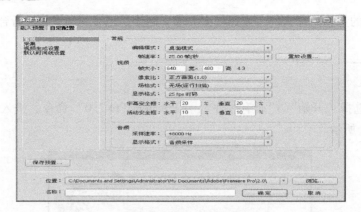

图 4-52 "自定配置"选项卡

**步骤 4** 自定配置设定后,进入 Premiere Pro 2.0 编辑界面,如图 4-53 所示。

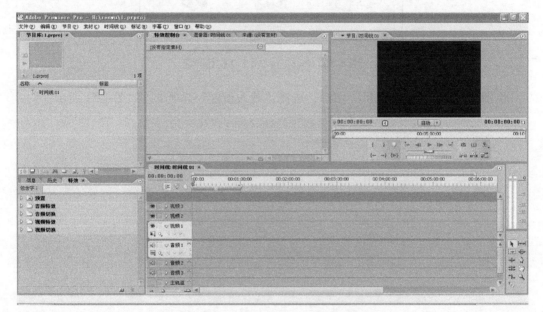

图 4-53 Premiere Pro 2.0 编辑界面

**信息卡**

Premiere Pro 2.0 工具栏简介。

1) 选择工具:可以选择单个素材并拖动、拉长,快捷键为<V>。

2) 轨道选择工具:可以选择整个轨道上的素材。按住<Shift>键可选择多个轨道,快捷键为<M>。

3) 波纹编辑工具:拖长素材,时间线随之增加,快捷键为<B>。

4) 旋转编辑工具:拖长相邻素材,时间线不随之增加,快捷键为<N>。

5) 比例伸展工具:拖长素材使播放速度变慢。拖动的越长播放的速度越慢。反之拖动的越短播放的速度越快。快捷键为<X>。

6) 剃刀工具:分割素材,按住<Shift>键可分割所有轨道上的素材,锁定轨道除外,快捷键为＜C＞。

　　7）滑动工具：改变素材的出/入点。

　　8）钢笔工具：做字幕时绘制路径，快捷键为＜P＞。

　　9）缩放工具：对素材进行放大和缩小，快捷键为＜Z＞。

　　**步骤5**　创建完项目之后，要导入素材。选择菜单栏中的"文件"→"导入"命令，选中所需素材"MAP. JPG"，导入节目库，如图4-54所示。

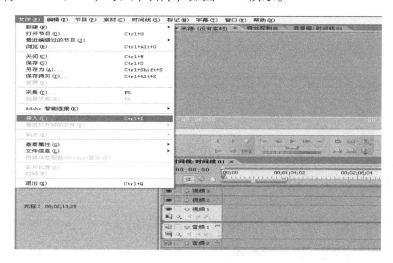

图4-54　导入素材

注意

　　在导入素材时，也可以在"节目库"的空白处右击或双击，这样也可以导入素材。在弹出的"导入"对话框中，按住＜Ctrl＞键，可以同时选中不同的素材，单击"打开"按钮时，选中的素材将同时被导入到"节目库"中。

　　**步骤6**　在节目库选中素材"MAP. JPG"，拖动到视频1轨上，右击鼠标，在弹出的快捷菜单中选择"放缩至满屏大小"命令。这时图片不能与窗口吻合，还需要再作调整。在视频轨上选中素材，并调整"特效控制台"中的"显示比例"，调整到与窗口大小吻合即可，如图4-55所示。

注意

　　在调整图片比例时可以右击鼠标，选择"缩放至满屏大小"命令，或是调整"特效控制台"中的"比例"项，再或者直接用鼠标调整"节目监视窗口"大小。

信息卡

　　"特效控制台"提供视频编辑用到的所有特效。"特效控制台"中只有在时间线上有素材时才会有内容，它包括常用的特效如运动特效、透明度、音频特效等。特效控制就是对给视频添加的特效进行详细设置。素材预览面板可以预览所要编辑的视频素材。时间线监视窗口和素材窗口具有同样的控制台，把鼠标放在各个按钮上面就可知道它的名字。

　　**步骤7**　设置字幕。选择菜单栏中的"文件"→"字幕"命令，这时会出现一个"新

121

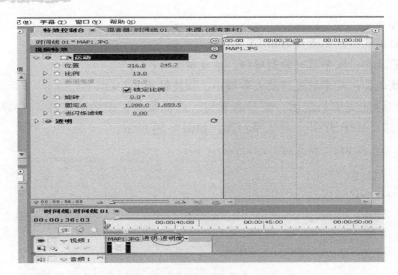

图 4-55　调整素材显示比例

建字幕"对话框，如图 4-56 所示。

图 4-56　新建字幕

注意

在新建字幕时，也可以在节目库的空白处右击，选择"新建项目"→"字幕"命令或是按快捷键 <F9>。

**步骤8** 打开字幕编辑窗口，选择"文字工具"，把鼠标移动到预览窗口单击，输入"清华园欢迎您"并设置其字体、字号、颜色等。选择"矩形工具"，在字幕窗口中为"清华园欢迎您"添加背景，"填充"的颜色设为"白色"，并加"红色"边框，调整位置，如图 4-57 所示。

图 4-57　字幕编辑窗口

注意

在调整背景层的先后时，选中制作的背景层，单击鼠标右键，选择"排列"→"退到下一层"命令，即可调整层的前后位置。在进行字体设置时，字体为"STXingkai regular"，字号为"135"，填充"白色"，边框为"红色"。

**步骤9** 将制作好的字幕"清华园欢迎您"拖动到视频 2 轨上，并为其添加视频切换特效。单击视频特效窗口，打开"视频切换"特效项中的"3D 运动"文件夹，选中"大门"特效，将其拖动到字幕"清华园欢迎您"中并在"特效控制台"中对其特效参数进行设置，如图 4-58 所示。

注意

在添加视频切换特效时，要注意特效加在开始和结束时的区别。"大门"这个特效是从结束部分加的，所以要拖拽到开始位置。在"特效控制台"里把"反向"选中。

**步骤10** 设置好字幕效果后，对其时间进行设置，大约持续 5 秒。在与字幕相隔 10 帧左右的地方设为一个入点，导入素材"近春园.JPG"到视频 2 轨上，如图 4-59 所示。

**步骤11** 将"近春园.JPG"图片的时间设置为 2 秒左右，并为其添加视频特效。打

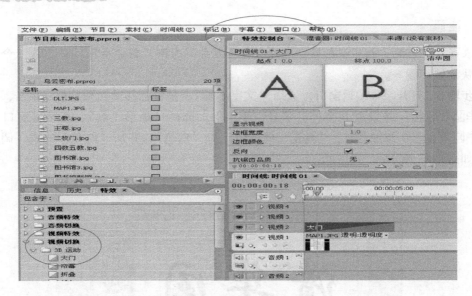

图 4-58　特效控制

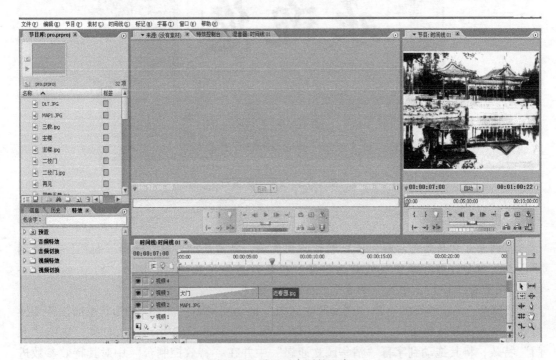

图 4-59　设置近春园的入点

开"视频切换"特效中的"缩放"文件夹，选择"缩放"特效，添加到"近春园"的图片上，并在"特效控制台"中进行参数设置，如图4-60所示。

视频特效"缩放"是添加在开始位置，拖动到图片的结束位置。在"特效控制台"里设置起点为"0.0"，终点为"80.0"。

图 4-60  特效添加及参数设置

**步骤 12**   第二次导入图片"近春园.JPG"在视频 2 轨上，时间长度设置为 2 秒，并为其添加视频切换特效中的"缩放"，在"特效控制台"中为其特效设置参数，如图 4-61 所示。

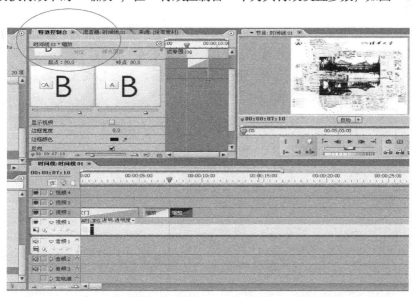

图 4-61  "特效控制台"中的参数设置

**注意**

视频切换特效"缩放"是添加在图片的结尾部分，然后拖动到开始位置。在特效控制台设置起点为"80.0"，终点为"80.0"，并设置为"反向"。

**步骤 13** 设置好第二次导入的图片后，第三次导入"近春园．JPG"，时间长度设置为 2 秒左右，并为其添加视频切换特效里的"缩放"，在"特效控制台"中对其特效参数进行设置，如图 4-62 所示。

图 4-62　添加视频特效

> **注意**
>
> 视频切换特效"缩放"是添加在图片的结尾部分，然后拖动到开始位置的。在特效控制台设置起点为"20.0"，终点为"100.0"，并设置为"反向"。

**步骤 14** 设置好第三次导入的"近春园．JPG"后，通过移动工具将其移动到第二次导入图片之后与其进行连接，如图 4-63 所示。

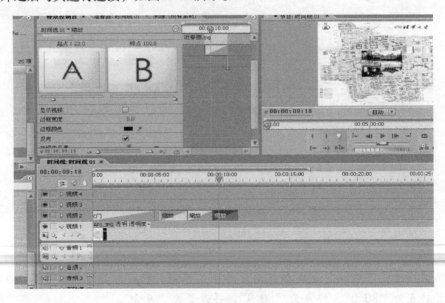

图 4-63　特效连接

**步骤 15** 设置好 3 幅图片后，要为其加上移动的字幕。新建一个"近春园"的字幕文件，将其拖动到视频 3 轨上，入点设置在第一次导入的"近春园.JPG"的出点上。同时，选中字幕，在"特效控制台"中对其"位置"进行设置。字幕移动要通过关键帧进行设置，如图 4-64 所示。

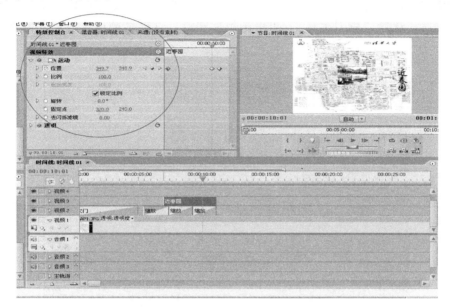

图 4-64 "近春园"字幕移动设置

**注意**

在设置"近春园"字幕时，可以根据自己的想象，在"特效控制台"设置它的关键帧和位置，没有统一的要求。

**步骤 16** 这里，对图片的设置就不做过多的解释。下面在视频 2 上加一段视频，首先，在节目库导入一段视频，并移动到视频 2 上，如图 4-65 所示。

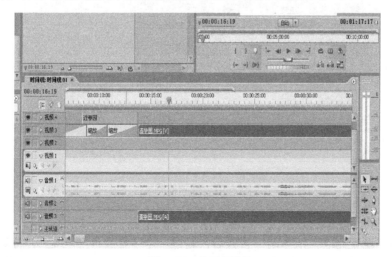

图 4-65 移动视频

**注意**

导入视频同导入图片的方法相同，区别在于图片没有固定的时间长度，不受时间的限制；而视频则有时间的限制，它是有固定长度的。

**步骤 17** 导入视频后，要通过"剃刀工具"截取所需要的视频长度。确定好所要的长度后，选择"剃刀工具"，再单击鼠标左键，这样就截取好所需要的视频，如图4-66所示。

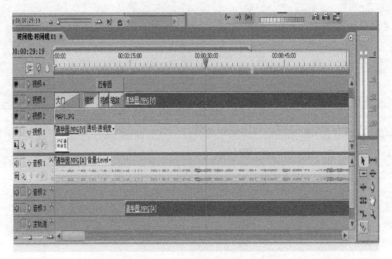

图 4-66 视频的截取

**步骤 18** 通过上一步截取完视频后，留下所需要的视频，删除不需要的那部分，如图 4-67 所示。

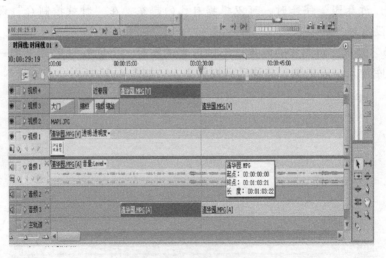

图 4-67 视频的删除

**步骤 19** 将留下的视频和上一段素材进行连接，如图 4-68 所示。

**步骤 20** 设置完成"清华园"视频后，新建一个字幕文件"再见"，背景为"白色"如图 4-69 所示。将其导入到视频 2 轨上，入点设置在距"近春园"图片 1 秒左右的位置

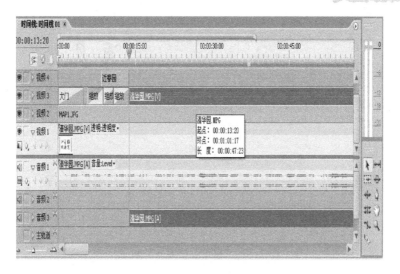

图 4-68　视频的连接

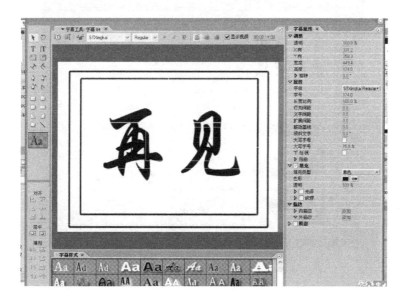

图 4-69　新建"再见"字幕

上，并为其添加"视频切换"特效里的"3D 运动"文件夹中的"大门"特效，并在"特效控制台"进行设置，时间大约 5 秒左右，如图 4-70 所示。

**步骤 21**　选中视频轨，并按键盘上的 < Space > 键预览最终效果，如图 4-71 所示。

**注意**

可以根据想象，多加几幅图片，步骤与上面的类似，可以尝试一下其他的视频切换效果。

**步骤 22**　视频部分已经完成，然后要加上一个音频，构成一个有"背景音乐"的视频文件。首先要导入音频素材，选择菜单栏中的"文件"→"导入"命令，导入一个音频文件。将选中的文件导入到节目库，并把素材拖拽到音频 3 轨上进行编辑（同视频导入

图 4-70 "再见"字幕特效设置

图 4-71 效果预览

一样），如图 4-72 所示。

图 4-72 导入音频

**步骤23** 为音频3轨上的素材添加一个"淡入淡出"的音频特效。首先单击打开音频3轨的下拉菜单，选中"音量"的"Level"项，如图4-73所示。

**步骤24** 选中"Level"后，会出现一条黄色的线，按住 < Ctrl > 键，并用鼠标单击这条线，为音频添加关键帧，如图4-74所示。

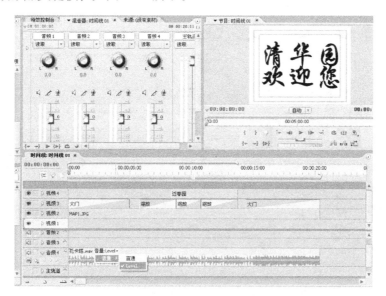

图4-73　调整音频轨道的设置

图4-74　为音频添加关键帧

**步骤25** 设置好关键帧之后，用鼠标调整关键帧位置，设置"淡入淡出"的效果，如图4-75所示。

**步骤26** 设置好背景音乐后，要添加一个音频，并设置视频与音频同步效果。首先导入所需的音频文件"清华园",放入音频 2 轨,使之与"清华园欢迎您"字幕同步,并设置"背景音乐"的"淡入"正好与"清华园欢迎您"的朗读同步,等朗读完成之后,正是背景音乐的高潮。在这个过程中要不断用鼠标调整背景音乐的关键帧,使之达到同步的效果,如图 4-76 所示。

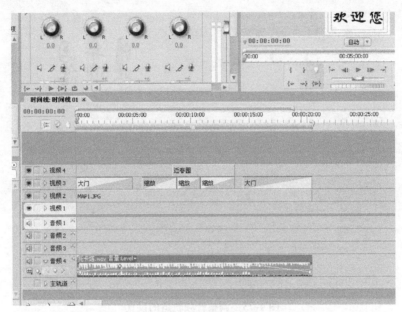

图 4-75　调整关键帧

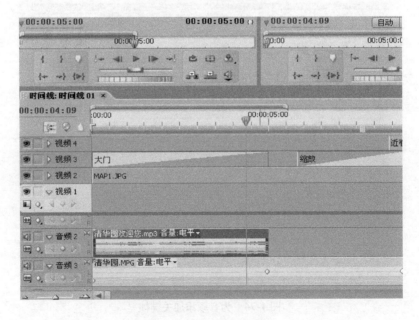

图 4-76　朗读声的设置

步骤 27　设置好"清华园"的同步音乐后,为"近春园"添加同步朗读的音频。在设置过程中,"背景音乐"的"淡出"点正好是"近春园"的朗读音频,这个过程也要调整背景音乐的关键帧。这样背景音乐、朗读音乐和视频的同步就完成了,如图 4-77 所示。

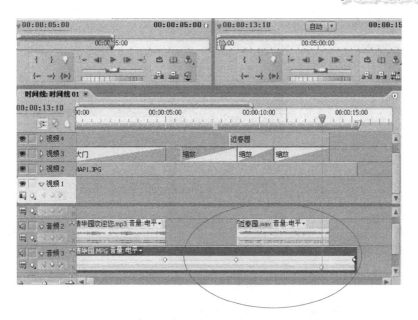

图 4-77　朗读声的关键帧设置

**步骤 28**　设置好音频后，按住键盘的空格键进行预览最终效。

**步骤 29**　对项目进行保存。选择菜单栏中的"文件"→"保存"命令，如图 4-78 所示。

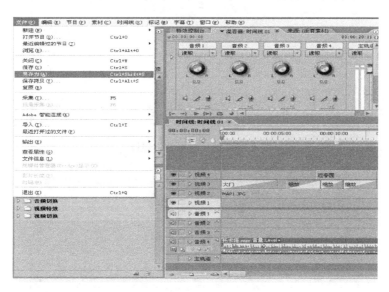

图 4-78　项目保存

**步骤 30**　选择菜单栏中的"文件"→"输出"→"影片"命令，如图 4-79 所示。影片输出的"常规"设置如图 4-80 所示。影片输出的"视频"设置如图 4-81 所示。影片输出的"音频"设置如图 4-82 所示。

**步骤 31**　设置完成后，就可以生成影片，结果如图 4-83 所示。

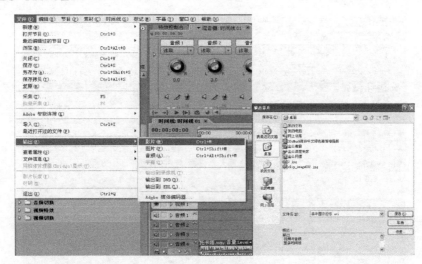

图 4-79 输出影片

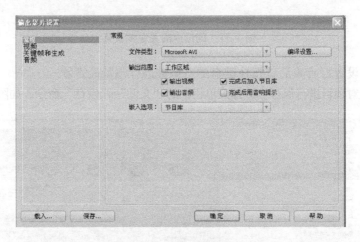

图 4-80 影片输出的常规设置

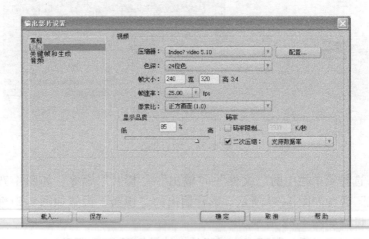

图 4-81 影片输出的视频设置

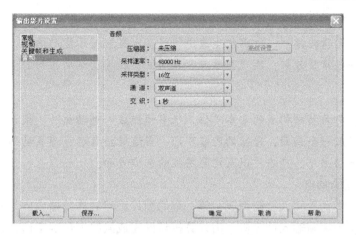

图 4-82　影片输出的音频设置

图 4-83　影片的生成

 **注意**

视频、音频的同步关系一旦被解除，只能进行不影响时间长度的编辑操作，不可对任何一方进行剪裁操作，否则时间长度不等，同步关系被破坏，声音和画面错位，效果会不伦不类。

# 任务3　学会平面动画制作软件的使用

## 子任务1　了解平面动画

### 知识导读

平面动画就是通常所说的二维画面，是帧动画的一种它沿用传统动画的概念，具有灵活的表现手段、强烈的表现力和良好的视觉效果。平面动画是对手工传统动画的一个改进。通过输入和编辑关键帧、计算和生成中间帧、定义和显示运动路径，能够交互式给画面上色，产生一些特技效果，实现画面与声音的同步和控制运动系列的记录。

**信息卡**

帧动画以帧作为动画构成的基本单位，很多帧组成一部动画片。帧动画借鉴传统动画的概念，一帧对应一个画面，每帧的内容不同，当连续播放时，形成动画视觉效果。帧动画主要用在传统动画片、广告片以及电影特技的制作方面。

**1. 平面动画的特点**

平面动画是将场景和人物绘制成一幅一幅的图片，然后连续播放成为动画。可将事先手工制作的原动画逐帧输入计算机，由计算机帮助完成绘线上色的工作，并且由计算机控制完成纪录工作。

平面动画不仅具有模拟传统动画的制作功能，而且可以发挥计算机所特有的功能，如生成的图像可以复制、粘贴、翻转、缩放以及自动计算、移动背景等。但是，目前的二维动画还只能起辅助作用，代替手工动画中一部分重复性强、劳动量大的工作，代替不了人的创造性劳动。

**2. 平面动画制作工具软件的简述**

制作平面动画的工具软件有很多种，如 FLASH、GIF Construction、Animator 系列等。本节将介绍使用 GIF Animator 软件制作平面动画的过程。

Ulead GIF Animator 是 Ulead（友立）公司最早在 1992 年发布的一个 GIF 动画制作的工具。后来 Ulead（友立）公司又推出 Ulead GIF Animator 的新版本，在这个新版本中不但继承了前期版本的优点，如多幅外部图像文件的组合动画、对外部动画文件的支持和 GIF 图像优化等，而且还提供了新的滤镜功能、条幅文字效果、增强的优化算法和新的四个工作版面状态等，使设计者可以快速、轻松地创建和编辑动画文件。GIF Animator 引入了图层（Image Layer）概念，这原本只有在高级图形处理工具中才提供的，而使用这项功能，可以创建出效果更加丰富的图形，甚至是多个图形之间的叠加，这样的画面效果极好。同时，程序也提供了近乎专业的层合并、重定义尺寸、Layer Pane 多层内容的同步色彩编辑等功能。

## 子任务 2　GIF Animator 的安装

**步骤：**

**步骤1**　首先下载或复制 GIF Animator 的安装文件，存放到指定文件夹，如图 4-84 所示。

**注意**

下载 GIF Animator 软件时，可在百度中输入"Ulead GIF Animator 免费下载"关键字，即根据所提示的网址免费下载。

**步骤2**　双击运行安装文件 fo-ga5f.exe，弹出安装初始界面，如图 4-85 所示。

**步骤3**　单击"Next"按钮，进入安装信息界面，如图 4-86 所示。

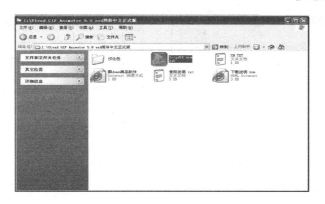

图4-84　GIF Animator 安装文件

图4-85　安装初始界面

图4-86　安装信息界面

**步骤4**　单击"Next"按钮，进入使用 Animator 软件的协议界面，如图4-87 所示。

**步骤5**　单击"Yes"按钮，进入输入用户名及序列号的界面，如图4-88 所示。

图4-87　安装协议界面

图4-88　输入用户名及序列号界面

**步骤6**　单击"Next"按钮，进入安装路径选择界面，如图4-89 所示。

**注意**

默认的安装路径为"C：\Program Files\Ulead Systems\Ulead GIF Animator 5"，若要更改安装路径，则单击"Browse"按钮进入路径选择界面，选择指定的路径后单击"确定"按钮即可。

**步骤7**　单击"Next"按钮，进入安装文件的目录名称界面，如图4-90 所示。

图 4-89 安装路径选择界面

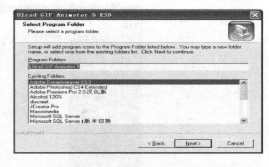

图 4-90 安装文件的目录名称界面

**步骤 8** 单击"Next"按钮，进入复制安装文件的界面，如图 4-91 所示。

**步骤 9** 单击"Next"按钮，进入注册 Animator 软件选项界面，如图 4-92 所示。

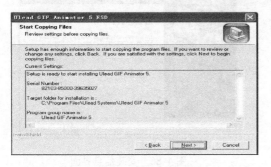

图 4-91 复制安装文件的界面

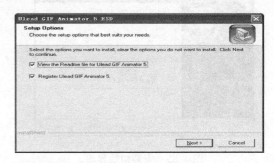

图 4-92 注册 Animator 软件选项界面

**步骤 10** 单击"Next"按钮，进入安装结束界面，如图 4-93 所示。

**步骤 11** 单击"Finish"按钮，成功地完成了 Animator 软件的安装任务。安装结束后，若要运行 Animator 软件，选择"开始"→"程序"→"Ulead GIF Animator 5"→"Ulead GIF Animator 5"命令。

图 4-93 安装结束界面

通常在网上下载的 Ulead GIF Animator 软件多数是英文版的，为了方便读者使用，安装后需下载汉化包将其汉化，汉化时按照提示信息逐步进行汉化操作。务必留意每一步的操作选择，防止汉化时出现误操作。

## 子任务 3 使用 GIF Animator 制作平面动画范例

GIF Animator 是款有趣且简单的制作平面动画的软件，并可以保存为多种动画文件形式，如多媒体视频、Web 页面、电子邮件、电子贺卡、gif 动画、图片序列等。本案例是利用 GIF Animator 制作平面动画"蝴蝶标本"的演示。案例中所用的原始图片素材如图 4-94 所示。

**步骤:**

**步骤1** 首先使用 Photoshop 软件将素材图片的大小调整到 100×100 像素，以便得到较好的动画效果，调整界面如图 4-95 所示。

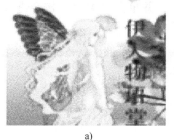 

a) b)

图 4-94 素材图片

 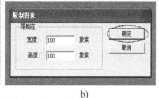

a) b)

图 4-95 调整图片

**注意**

调整图片的大小要根据图片像素的高低调整，像素低的图片切记不要将其调的太大否则会出现图片模糊的现象。另外，需从动画的效果方面考虑，调整为适当的大小。

**步骤2** 启动 Ulead GIF Animator，出现主界面并弹出一个"启动向导"对话框，如图 4-96 所示。

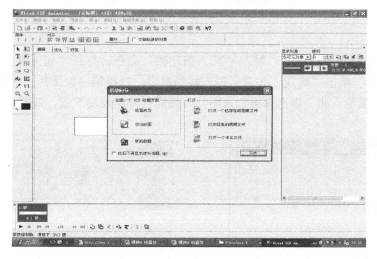

图 4-96 "启动向导"对话框

**步骤 3** 选择"空白动画",并单击"关闭"按钮进入设计动画的主界面,如图 4-97 所示。

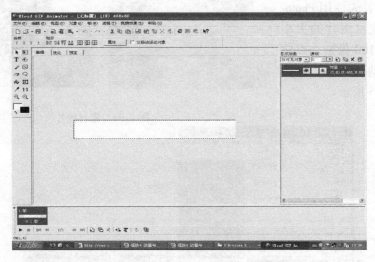

图 4-97 Ulead GIF Animator 的工作界面

**步骤 4** 选择菜单栏中的"文件"→"打开图像"命令,如图 4-98 所示,打开制作动画的素材图片。

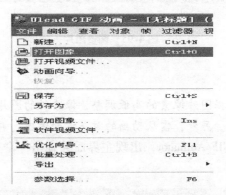

图 4-98 打开图片的方法

**步骤 5** 选择菜单栏中的"帧"→"插入新建帧"命令,打开"插入帧选项"对话框,如图 4-99 所示。单击"确定"按钮后进入帧的窗口。选择第一幅图片,并重复单击"复制图片"按钮复制 5 张。再选择第二张图片,按同样方法复制 5 张,如图 4-100 所示。

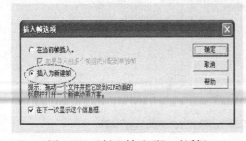

图 4-99 "插入帧选项"对话框

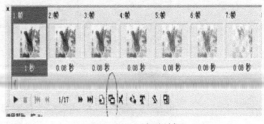

图 4-100 复制帧

140

**步骤 6** 如果想调整播放速度，可以双击某一帧，在打开的"画面帧属性"对话框中设置，如图 4-101 所示。

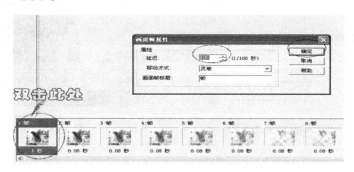

图 4-101 调整速度的大小

**注意**

速度大小的调整一定要适中，速度过小动画效果不明显；速度过大则会看不清楚动画的内容。读者可进行多次尝试操作，直到调整后的速度达到满意的动画效果为止。

**步骤 7** 单击"播放"按钮可以播放所制作的动画，如图 4-102 所示。

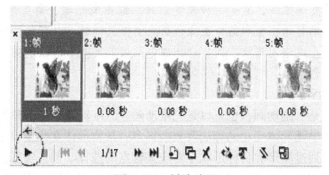

图 4-102 播放动画

**步骤 8** 选择菜单栏中的"文件"→"另存为"命令，保存所制作的平面动画，如图 4-103 所示。

**注意**

Ulead GIF Animator 内建的 Plugin（插件）有许多现成的特效可以立即套用，可将 AVI 文件转成 GIF 文件，而且还能将 GIF 图片最佳化。

**步骤 9** 制作完成一幅漂亮的演示蝴蝶标本的平面动画，最终效果如图 4-104 所示。

**信息卡**

使用 Photoshop 处理图像效果较好，但制作平面动画的效果不如 GIF Animator。另外，Photoshop 导出的动画文件都太大，压缩后会失真严重。GIF Animator 能把视频导出图片格式，还可以将图片导出视频格式。

图 4-103　保存动画的格式选择　　　　　　图 4-104　最终效果图

# 任务4　学会变形动画制作软件的使用

## 子任务1　了解变形动画

### 知识导读

变形是指画面中的景物对象形体的变化，是使一幅图像在 1～2 秒内逐步变化到另一幅完全不同图像的处理方法，它是一种较复杂的二维图像处理，需要对各像素点的颜色、位置作变换。变形的起始图像和结束图像分别为两幅关键帧，从起始形状变化到结束形状的关键在于自动地生成中间形状，即自动生成中间帧。凡是具有景物对象形体变化特征的动画都可以称为变形动画。

**1. 变形动画的种类**

变形动画可以是二维动画，也可以是三维动画。二维动画景物对象的形体变化的算法相对简单，而三维动画形体变化的算法要复杂得多。景物形体变化主要是指外形形状的变化，二维变形可以通过原形和目标形状中对应关键点的选择、插值实现。三维动画景物对象的变形可以利用挤压、雕塑、爆炸等许多不同的手法根据不同的需要实现。

### 信息卡

图像变形（Image Morphing）是一项非常有用的视觉技术，通常用于教育和娱乐。图像变形技术已经在电视、电影、MTV、广告中得到了非常广泛的应用。图像变形是使一幅图像转换、变形（Metamorphosis）到另一幅图像的图像处理技术。这个过程通常简称为"Morph"，其思想是创建一系列中间图像，当把它们和原始图像放在一起时，便展现出从一幅图像变形到另一幅图像的效果。

**2. 变形动画的特点**

变形动画也是帧动画的一种，它具有把物体从一种形态过渡到另外一种形态的特点。形态的变换或颜色的变换都经过复杂的计算，从而产生引人入胜的视觉效果。变形动画主要用于影视人物场景变换、特技处理、描述某个缓慢变化的过程等场合。

**3. 变形动画制作工具软件的简述**

制作变形动画工具软件有很多种，如 FLASH、Fun Morph、3ds Max 等。本节将介绍使用 Fun Morph 制作变形动画的过程。Fun Morph 是一个二维变形动画软件，能够在两幅静态图像之间应用变形制作二维动画。其最主要的功能是可以将图片变形、扭曲，并可以常用的文件形式保存所制作的动画，如多媒体视频、Web 页面、电子邮件、电子贺卡、GIF 动画、图片序列等。

## 子任务 2　Fun Morph 的安装

**步骤：**

**步骤 1**　下载或复制 Fun Morph 的安装文件，存放到指定文件夹，如图 4-105 所示。

图 4-105　Fun Morph 安装文件

**步骤 2**　双击运行安装文件 zeallsoftfunmorph. exe，弹出安装初始向导界面，如图 4-106 所示。

**步骤 3**　单击"下一步"按钮，进入安装路径选择界面，如图 4-107 所示。

**注意**

默认的安装路径为"C：\ Program Files \ Fun Morph"，若要更改安装路径，则单击"浏览"按钮，打开"路径选择"对话框，选择指定的路径后单击"确定"按钮即可。

**步骤 4**　单击"安装"按钮，进入安装进程显示界面，如图 4-108 所示。

**步骤 5**　安装结束后，弹出安装完成界面，如图 4-109 所示。

图 4-106　安装初始向导界面

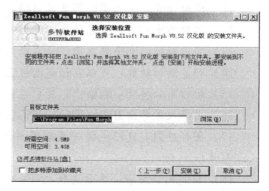

图 4-107　安装路径选择界面

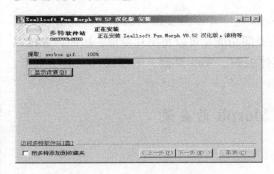

图 4-108　安装进程显示界面　　　　　　　　图 4-109　安装完成界面

**注意**

1）若要直接运行 Fun Morph，则单击"完成"按钮即可；若仅完成安装，则需取消"运行 Zeallsoft Fun Morph"复选框。

2）安装结束后，若要运行 Fun Morph，可直接双击桌面快捷方式图标运行；也可以选择"开始"→"所有程序"→"Zeallsoft Fun Morph"运行。

**信息卡**

Fun Morph 的主要功能如下：

1）图片输入格式有 BMP、JPEG、TIFF、PNG、TGA、PCX、GIF、WMF、EMF 等。

2）图片输出格式有 BMP、JPEG、TIFF、PNG、TGA、PCX、GIF 等。

3）可以把当前单帧输出到一个图像文件。

4）输出动画过程为图片序列文件，可输出 AVI、GIF 等动画文件。

5）图片浏览器：通过小图样快速浏览所有支持格式文件并选取源图片。

6）源图片编辑工具：可支持裁剪、旋转、翻转、调整颜色和效果等编辑。

7）关键点形状：可供选择 10 种平滑的关键点形状。

8）关键点颜色：可使用指定纯色或按 8 种基本颜色循环显示。

9）编辑单个关键点：可进行增加、删除和移动单个关键点等操作。

10）编辑多个关键点：可进行框选、移动、放缩、复制、剪切、删除和粘贴等操作。

11）实时预览：可以实时预览当前帧效果和拖动滚动条快速预览任意帧效果。

12）实时播出：不需生成就能实时播出最终效果。

13）显示模式：有全部显示、只显示编辑和只显示预览模式。

14）预览附加特效：可以在预览面板上观看效果。

15）输出附加特效：在输出影片中也包含附加特效。

16）可导入或导出 BMP、TIFF、PNG、TGA 格式的 32 位带透明层图形。

17）图片序列打包器：将一系列图片打包成影片格式，用于创建使用多幅源图片的变形影片。

18）创建或下载导入界面皮肤文件：下载或创建界面皮肤文件，并可以导入到软件中使用。

144

## 子任务3　使用 Fun Morph 制作变形动画范例

本任务通过一个较为基础的案例，帮助读者进一步了解 Fun Morph 软件的使用方法。在了解基本操作步骤后，读者可自己尝试一些较为复杂的变形动画的制作。本案例制作小轿车的变形动画，设计完成后会出现小轿车的动态变形的效果。

**步骤1**　准备两幅不同形状的小轿车图像，一幅作为起始图像，一幅作为终止图像。

**注意**

导入图像文件格式可以是 JPEG、GIF 或 BMP 等，建议使用真彩色图像。如果准备3幅以上图像，可以制作由第一幅到第二幅，再到第三幅……再到最后一幅的变形动画。导入图像之前，可以利用 Photoshop 对所使用的图像进行加工处理。为了使变形动画的效果更为理想，在进行图像处理时，应遵守首、尾画面的处理规则。

**步骤2**　运行 Fun Morph，界面如图4-110所示。

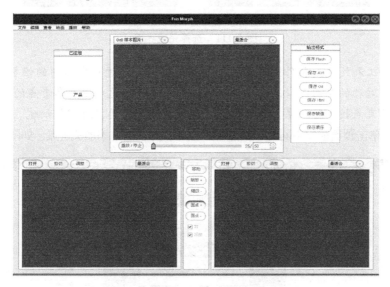

图4-110　运行界面

**信息卡**

启动 Fun Morph 后，界面中有3个灰白色窗口，其中上面的1个为制作成品演示窗口，左下角窗口为图像1预览，右下角窗口为图像2预览。

**步骤3**　单击预览窗口左上角的"打开"按钮，在弹出的打开窗口中选择相应图片，再单击"打开"按钮即可。使用同样方法选择图片2，完成后界面如图4-111所示。

**信息卡**

图4-111中的分离的窗口的左边部分是起始图像，右边部分是终止图像。如果准备3幅以上图像，可选择"插入帧"命令，在当前帧的左或右插入新的图像帧。

在变形动画中，首画面和尾画面是两幅尺寸相同、色彩模式一致的图像，需要先用图

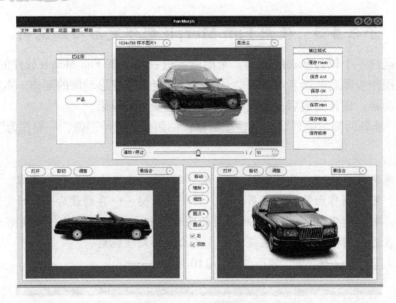

图 4-111　选择完成界面

像处理软件加工和处理。制作变形动画时，首先确定变形过程中占用的帧数，然后在首、尾画面上设置对称的变形参考点，变形动画制作软件根据这些变形参考点的位置生成过渡过程。变形参考点设置的越多，帧数越多，变形效果越缓慢，过程越细腻。

　　**步骤4**　单击预览窗口中间的"圆点＋"按钮，并在图中添加关键点，如图4-112所示。

图 4-112　添加关键点

　　关键点是两幅图像之间的对应点，也是对应形状的边界点。

**步骤5** 将不规则的关键点移动到小轿车附近的边缘处，设置边界线，如图4-113所示。

图4-113 设置边界线

**步骤6** 制作完边界线后，单击演示窗口下的"播放/停止"按钮，即可预览到最终效果，如图4-114所示。

**步骤7** 制作完成后，可选择菜单栏中的"文件"→"保存工程"命令进行保存。也可以单击演示窗口右侧的"输出格式"中相关按钮，将制作成品保存为对应格式，如图4-115所示。

图4-114 制作效果图

图4-115 保存文件格式

# 学材小结

本模块是本书中比较重要的内容之一。通过本模块的学习和实训，学生应掌握多媒体视频和动画技术的相关知识；学会3种常用的视频、动画文件播放工具的使用方法；掌握使用视频处理软件 Adobe Premiere Pro 处理视频、使用平面动画制作软件 GIF Animator 制作平面动画以及使用变形动画制作软件 Fun Morph 制作变形动画的方法等知识点。

**理论知识**

1. 广义的视频文件可以分为两类，即_____和_____。

2. AVI 格式，即_____格式。它是一种符合_____文件规范的数字音频与视频文件格式。

3. 可以用_____和_____播放 MPG 格式的视频。

4. ASF 格式是一种_____格式，可以用_____和_____播放 ASF 格式的。

5. _____是 QuickTime 的文件格式，支持_____位色彩，支持 RLE、_____等领先的集成压缩技术，提供了 150 多种_____和 200 多种_____兼容音响和设备的声音效果。

6. SWF 格式是 Flash 播放格式文件，其动画格式只有_____色，但经过数据压缩后，体积比较小，是比较流行的动画文件。Flash 动画是利用_____制作的，不管将画面放大多少倍，画面仍然清晰流畅，质量也不会因此而降低。

7. 在 Premiere 视频剪辑的过程中，视频与音频是同步的，当拖拽图标到"视频 1A"栏时，"_____"栏也同步地产生。

8. 在每一个轨道上都有一个标志，代表声音轨道。同时，默认情况下，每一个音频轨道前面有"_____"（声音）标志。

9. 默认情况下，关键帧处于不可用状态，一旦选中"_____"、"_____"、"_____"、"_____"中的任意一个后，可以对此进行编辑，编辑方法与视频编辑方法相同。

10. 音频滤镜都存放在_____面板中的 Audio Effect（音频效果）文件夹中。

11. 在 Fun Morph 中，最多可指定_____种关键点颜色_____显示。

12. 动画由很多_____但_____的画面组成，通过_____，使观众在视觉上产生_____的感觉。

13. 启动 Fun Morph 后，位于最上端的窗口为_____窗口。

14. 选择 Fun Morph 的预览窗口中间的_____按钮，可在图中添加关键点。

15. 使用 Fun Morph 制作完成变形动画后，单击演示窗口下的_____按钮即可预览到最终效果。

**实训任务**

实训 1　使用 Windows Media Player 和 RealOne Player 播放视频或动画文件。

【实训目的】

掌握 Windows Media Player 和 RealOne Player 的使用方法。

【实训内容】

将要播放的音乐和视频文件放在指定目录下，使用 Windows Media Player 和 RealOne Player 两种播放器播放文件，并进行必要的设置，填写完成下面的实训任务步骤。

【实训步骤】

**步骤 1**　在系统中选择"开始"→"所有程序"→_____命令。

**步骤 2** 选择"文件"→_____命令,如图 4-116 所示。出现_____对话框,如图 4-117 所示。

**步骤 3** 找到音频文件所在目录,选择文件后单击_____按钮。

**步骤 4** 使用同样方法打开视频文件。

**步骤 5** 选择菜单栏中的_____→"增强功能"→"显示增强功能"命令,在播放画面下方出现_____。

图 4-116　打开文件

图 4-117　文件列表

**步骤 6** 调整"色调"、"饱和度"、"亮度"、"对比度",看播放画面有何变化,如图 4-118 所示。

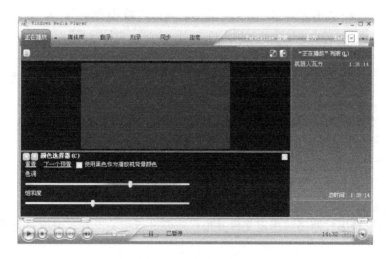

图 4-118　颜色选择器

**步骤 7** 调整播放速度。选择菜单栏中的_____→"增强功能"→"_____"命令,如图 4-119 所示。

**步骤 8** 调整播放速度使用的滑块,使其播放呈"慢速"、"正常"、"快速"3 种速度,如图 4-120 所示。

**步骤 9** 播放时使用常用快捷键,如"播放/暂停":＜Ctrl +_____＞;"停止":

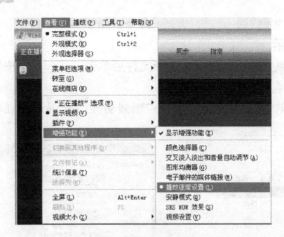

图 4-119　增强功能

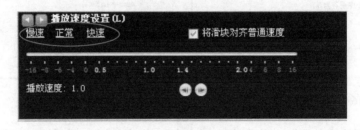

图 4-120　播放速度设置

＜Ctrl +_____＞；"增大音量"：＜_____＞；"减小音量"：＜_____＞；"静音"：＜_____＞；"上一首"：＜Ctrl +_____＞；"下一首"：＜Ctrl +_____＞；"快进"：＜_____＞。

**步骤 10**　关闭播放器。选择菜单栏中的"文件"→_____命令，如图 4-121 所示，或直接单击_____按钮即可。

**步骤 11**　使用类似方式播放音视频文件。

实训 2　使用暴风影音播放视频或动画文件。

【实训目的】

掌握用暴风影音播放视频和动画的方法。

【实训内容】

使用暴风影音播放器播放指定文件并根据需要进行相关设置。请填写完成下面的实训任务步骤。

【实训步骤】

**步骤 1**　打开暴风影音播放器。如果桌面上没有暴风影音的快捷方式图标，则在系统中选择"开始"→"程序"→_____命令，如图 4-122 所示。

**步骤 2**　打开所要播放的视频文件或动画文件。在菜单栏中选择"文件"→"打开文件"命令，打开"_____"对话框，选择你要播放的视频文件。

**步骤 3**　设置双字幕。

● 在桌面上单击鼠标右键，在弹出的快捷菜单中选择"属性"命令，切换到"设置"

150

图 4-121 退出

图 4-122 打开暴风影音

选项卡，将"颜色质量"设置为＿＿＿＿＿＿＿＿。

● 在暴风影音的菜单栏中选择"查看"→＿＿＿＿＿＿＿＿命令，在左侧窗口中选择"回放"目录下的＿＿＿＿＿＿＿＿项，将右侧窗口中的"DirectShow 视频"栏设置为＿＿＿＿＿＿＿＿或者＿＿＿＿＿＿＿＿。

● 再选择"字幕"目录下的"默认样式"项，勾选＿＿＿＿＿＿＿＿复选框，设置一下字幕的显示位置。注意该位置不要与 DirectVobSub 调用的字幕位置重合以免影响正常观看。

**步骤 4** 将画面设置为全屏。单击播放窗口下方的＿＿＿＿＿＿＿＿控制按钮或选择菜单栏中的＿＿＿＿＿＿＿＿→"全屏"命令。

实训 3 "多媒体技术应用"讲课视频的剪辑。

【实训目的】

熟悉视频编辑软件 Premiere Pro 的编辑方法。

【实训内容】

假设为某个老师录制讲课视频，要求剪辑成视频课程，视频原素材已录制好。填写完成下面的实训任务步骤。

【实训步骤】

**步骤 1** 安装好 Premiere Pro 后，选择"开始"→"所有程序"→＿＿＿＿＿＿＿＿命令。

**步骤 2** 导入原素材。选择菜单栏中的＿＿＿＿＿＿＿＿→＿＿＿＿＿＿＿＿命令，参照图 4-56。

**步骤 3** 对原素材进行编辑（剪辑）所用到的工具有＿＿＿＿＿＿＿＿。

**步骤 4** 对原素材进行编辑之后要输出影片，选择菜单栏中的＿＿＿＿＿＿＿＿＿＿→＿＿＿＿＿＿＿＿→＿＿＿＿＿＿＿＿命令，参照图 4-79。

实训 4 视频切换特效的使用。

【实训目的】

学会使用视频切换特效。

【实训内容】

在任务 2 中，只完成了视频"清华园欢迎您"的前一部分。请结合任务步骤，完成后面的部分，其中主要使用的是视频切换特效。

【实训步骤】

**步骤1** 赏析完"近春园"后是"二校门"，步骤和"近春园"相似。

**步骤2** 导入素材"二校门"到＿＿＿＿＿＿中，参照图4-54。

**步骤3** 将"二校门"图片的时间设置为2秒左右，并为其添加视频特效。选择＿＿＿＿＿＿特效中的"缩放"文件夹，选择"缩放"特效，添加到"二校门"的图片上，并在＿＿＿＿＿＿中进行参数设置，如图4-60所示。参数设置为：起点＿＿＿＿＿＿，终点＿＿＿＿＿＿。

**步骤4** 第二次导入图片"二校门"在视频2轨上，时间长度设置为2秒，并为其添加视频切换特效中的"缩放"，在＿＿＿＿＿＿为其特效设置参数，参照图4-61。参数设置为：起点＿＿＿＿＿＿，终点＿＿＿＿＿＿。

**步骤5** 设置好第二次导入的图片后，第三次导入"二校门"图片，时间长度设置为2秒左右。并为其添加视频切换特效里的"缩放"，在"特效控制台"中对其特效参数进行设置，参照图4-62。参数设置为：起点＿＿＿＿＿＿，终点＿＿＿＿＿＿。

**步骤6** 设置好第三次导入的"二校门"后，通过＿＿＿＿＿＿工具将其移动到第二次导入图片之后与其进行连接，参照图4-63。参数设置为：起点＿＿＿＿＿＿，终点＿＿＿＿＿＿。

**步骤7** 设置好3幅图片后，要为其加上移动的字幕。新建一个"二校门"的字幕文件，将其拖动到视频3轨上，入点设置在第一次导入的"二校门"图片的出点上。同时，选中字幕，在"特效控制台"中对其"位置"进行设置。字幕移动要通过＿＿＿＿＿＿进行设置，参照图4-64。

实训5　GIF Animator 的使用。

【实训目的】

掌握使用 GIF　Animator 制作平面动画的基本方法。

【实训内容】

将文字"多媒体技术应用基础"制作成平面动画。填写完成下面的实训任务步骤。

【实训步骤】

**步骤1** 选择菜单栏中的＿＿＿＿＿＿→＿＿＿＿＿＿命令，将文字的背景图片打开，参照图4-98。

**步骤2** 在帧的窗口中选择打开的背景图片，单击＿＿＿＿＿＿按钮再复制8张图片，参照图4-100。

**步骤3** 选中第一帧，然后选择工具栏中的"文字工具"，出现如图4-123所示对话框，或选择菜单栏中的＿＿＿＿＿＿→"文字"→＿＿＿＿＿＿命令。

**步骤4** 在文字输入框中输入文字"多"，单击"确定"按钮。

**步骤5** 选中下一帧，然后选择工具栏中的＿＿＿＿＿＿，在"文字输入框"对话框中输入文字"多媒"，单击"确定"按钮。

**步骤6** 重复步骤5的操作，在"文字输入框"中分别输入文字"多媒体"、"多媒体技"、"多媒技术"、"多媒技术应"、"多媒技术应用"、"多媒技术应用基"、"多媒技术应用基础"。

152

**步骤7** 为增加动画效果可将第一帧至第九帧画面复制，成为十八帧画面，如对默认的播放速度不满意可调节速度大小，参照图 4-101。

**步骤8** 最后选择菜单栏中的_____→"文件"→_____命令，将做好的文字"多媒体技术应用基础"以 GIF 格式输出，参照图 4-103。

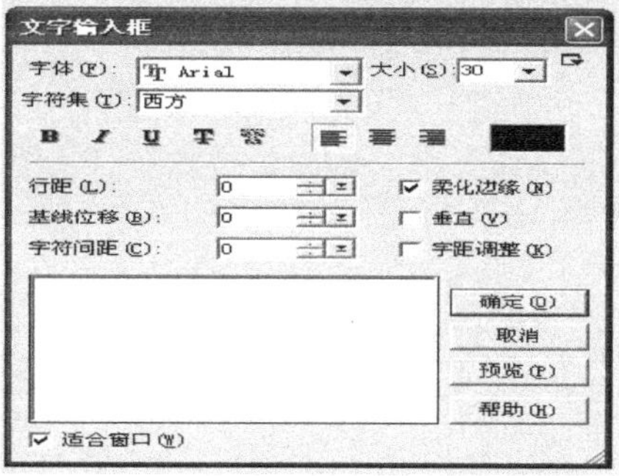

实训6 Fun Morph 的使用

【实训目的】

熟悉 Fun Morph 的界面与操作方法。

【实训内容】

下载并安装 Fun Morph，制作一个由两张静态图片不断转换的变形动画。

图 4-123 "文字输入框"对话框

【实训步骤】

**步骤1** 下载并安装 Fun Morph。在系统中选择"开始"→"所有程序"→_____命令。

**步骤2** 单击_____按钮，并分别导入 2 张静态图片，参照图 4-111。

**步骤3** 单击_____按钮，并在图片 1 中添加_____，参照图 4-112。

**步骤4** 调整图像 2 中_____的位置，使之与相关边缘点重合，参照图 4-113。

**步骤5** 单击_____窗口下的_____按钮，预览制作效果并进行相关调整，参照图 4-114。

**步骤6** 选择位于_____的_____按钮，将制作结果保存成为 Flash 格式，参照图 4-115。

# 拓 展 练 习

1. 整理并列出获取视频文件和动画文件的方式。

2. 搜集一些汽车的图片、视频和音频等素材，然后使用 Premiere Pro 2.0 制作出汽车展的视频，可参照课堂上的范例步骤。

3. 搜索一些内容相近的图片，制作使之成为 GIF 格式的平面动画和变形动画。

# 模块 5

## 多媒体网页设计与制作

### 本模块导读

　　Dreamweaver 是在多媒体技术方面颇有建树的 Adobe 公司推出的可视化网页制作工具，它与 Adobe Flash、Adobe Fireworks 合称为"网页制作三剑客"。这 3 个软件相辅相成，是制作网页的最佳选择。其中，Dreamweaver 主要用来制作网页文件，制作出来的网页兼容性比较好，制作效率也很高；Flash 用来制作精美的网页动画；而 Fireworks 用来处理网页中的图形。

　　本模块主要介绍利用 Dreamweaver CS3 制作多媒体网页的一般方法。通过本模块的学习和实训，学生应掌握设计多媒体网页、插入多媒体文件和网页合成的方法。

### 本模块要点

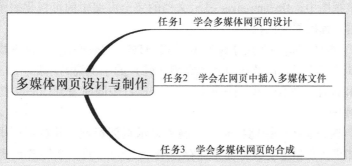

多媒体网页设计与制作
- 任务1　学会多媒体网页的设计
- 任务2　学会在网页中插入多媒体文件
- 任务3　学会多媒体网页的合成

# 任务1 学会多媒体网页的设计

## 子任务1 认识网页制作工具 Dreamweaver CS3

### 1. Dreamweaver CS3 的功能

利用 Dreamweaver 中的可视化编辑功能，可以快速创建 Web 页面而无需编写任何代码。用户可以查看所有站点元素或资源并将它们从易于使用的面板直接拖到文档中。还可以在 Adobe Fireworks 或其他图形应用程序中创建和编辑图像，然后将它们直接导入 Dreamweaver 中，从而优化开发工作流程。Dreamweaver 还提供了其他工具，可以简化向 Web 页中添加 Flash 资源的过程。

除了可生成 Web 页的拖放功能外，Dreamweaver 8 还提供了功能全面的编码环境，其中包括代码编辑工具（如代码颜色、标签完成、"编码"工具栏和代码折叠）、有关层叠样式表（CSS）、JavaScript、ColdFusion 标记语言（CFML）和其他语言的参考资料。Adobe 的可自由导入导出 HTML 技术，用户可导入手工编码的 HTML 文档而不会重新设置代码的格式，并可以随后用首选的格式设置样式来重新设置代码的格式。

Dreamweaver 还使用户可以使用服务器技术（如 CFML、ASP. NET、ASP、JSP 和 PHP 等）生成动态的、数据库驱动的 Web 应用程序。如果用户偏爱使用 XML 数据，Dreamweaver 也提供了相关工具，可帮助用户轻松创建 XSLT 页、附加 XML 文件并在 Web 页中显示 XML 数据。

Dreamweaver 可以完全自定义，即用户可以创建自己的对象和命令，修改快捷键，甚至编写 JavaScript 代码，用新的行为、属性检查器和站点报告来扩展软件的功能。

### 2. Dreamweaver CS3 的工作区布局

在 Windows 中，Dreamweaver 提供了将全部元素置于一个窗口中的集成布局。在集成的工作区中，全部窗口和面板都被集成到一个更大的应用程序窗口中，如图 5-1 所示。

（1）"文档"窗口 "文档"窗口显示当前文档。可以选择下列任一视图：

1）"设计"视图：是一个用于可视化页面布局、可视化编辑和快速应用程序开发的设计环境。在该视图中，Dreamweaver 显示文档的完全可编辑的可视化表示形式，类似于在浏览器中查看页面时看到的内容。

2）"代码"视图：是一个用于编写和编辑 HTML、JavaScript、服务器语言代码（如 PHP 或 ColdFusion 标记语言以及任何其他类型代码）的手工编码环境。

3）"代码和设计"视图：使用户可以在单个窗口中同时看到同一文档的"代码"视图和"设计"视图。

当"文档"窗口有一个标题栏时，标题栏显示页面标题，并在括号中显示文件的路径和文件名。如果用户做了更改但尚未保存，Dreamweaver 将在文件名后显示一个星号。

当"文档"窗口在集成工作区布局（仅限 Windows 系统）中处于最大化状态时，它没有标题栏；在这种情况下，页面标题以及文件的路径和文件名显示在主工作区窗口的标题栏中。

此外，当"文档"窗口处于最大化状态时，出现在"文档"窗口区域顶部的选项卡

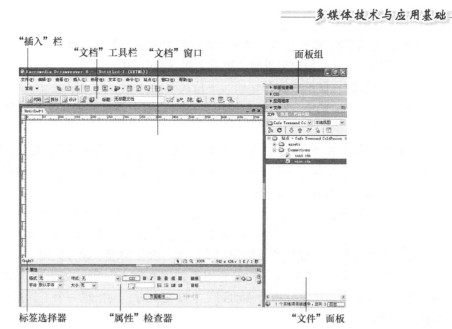

图 5-1　Dreamweaver CS3 的工作区布局

显示所有打开文档的文件名。若要切换到某个文档，则单击它的选项卡即可。

（2）"文档"工具栏　"文档"工具栏中包含按钮，这些按钮使用户可以在文档的不同视图间快速切换。此外，工具栏中还包含一些与查看文档、在本地和远程站点间传输文档有关的常用命令和选项，如图 5-2 所示。

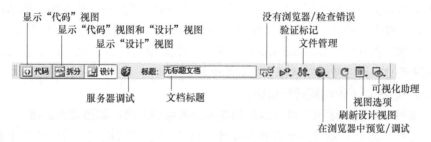

图 5-2　"文档"工具栏

"文档"工具栏中各按钮功能如下：

1）显示"代码"视图：仅在"文档"窗口中显示"代码"视图。

2）显示"代码"视图和"设计"视图：在"文档"窗口的一部分中显示"代码"视图，而在另一部分中显示"设计"视图。当选择了这种组合视图时，"视图选项"菜单中的"在顶部查看设计视图"选项变为可用，需要使用该选项指定在"文档"窗口的顶部显示哪种视图。

3）显示"设计"视图：仅在"文档"窗口中显示"设计"视图。

4）服务器调试：显示一个报告，帮助用户调试当前 ColdFusion 页。该报告包括页面中的错误（如果有的话）。

5）文档标题：允许用户为文档输入一个标题，它将显示在浏览器的标题栏中。如果文档已经有了一个标题，则该标题将显示在该区域中。

157

6）没有浏览器/检查错误：使用户可以检查跨浏览器兼容性。

7）验证标记：使用户可以验证当前文档或选中的标签。

8）文件管理：显示"文件管理"下拉式菜单。

9）在浏览器中预览/调试：允许用户在浏览器中预览或调试文档，从下拉式菜单中选择一个浏览器。

10）刷新设计视图：当用户在"代码"视图中进行更改后刷新文档的"设计"视图。在执行某些操作（如保存文件或单击该按钮）之前，用户在"代码"视图中所做的更改不会自动显示在"设计"视图中。

11）视图选项：允许用户为"代码"视图和"设计"视图设置选项，其中包括选择哪个视图显示在最上面。该菜单中的选项用于当前视图："设计"视图、"代码"视图或两者。

12）可视化助理：使用户可以使用不同的可视化助理来设计页面。

（3）"插入"栏 "插入"栏包含用于创建和插入对象（如表格、层和图像）的按钮，如图5-3所示。当鼠标指针移动到一个按钮上时，会出现一个工具提示，其中含有该按钮的名称。

这些按钮被组织到几个类别中，用户可以在"插入"栏的左侧切换它们。当前文档包含服务器代码时（如 ASP 或 CFML 文档），还会显示其他类别。当启动 Dreamweaver 8 时，系统会打开上次使用的类别。

图 5-3 "插入"栏

某些类别具有带下拉式菜单的按钮。从下拉式菜单中选择一个选项时，该选项将成为该按钮的默认操作。例如，如果从"图像"按钮的下拉式菜单中选择"图像占位符"，下次单击"图像"按钮时，Dreamweaver 8 会插入一个图像占位符。每当从下拉式菜单中选择一个新选项时，该按钮的默认操作都会改变。

"插入"栏按以下的类别进行组织：

1）"常用"类别：使用户可以创建和插入最常用的对象，如图像或表格。

2）"布局"类别：使用户可以插入表格、div 标签、层和框架。可以从 3 个表格视图中进行选择："标准"（默认）、"扩展表格"和"布局"。当选择"布局"模式后，可以使用 Dreamweaver 8 布局工具"绘制布局单元格"和"绘制布局表格"。

3）"表单"类别：包含用于创建表单和插入表单元素的按钮。

4）"文本"类别：使用户可以插入各种文本格式设置标签和列表格式设置标签，如 b、em、p、h1 或 ul。

5）"HTML"类别：使用户可以插入用于水平线、文件头内容、表格、框架和脚本的 HTML 标签。

6）"服务器代码"类别：仅适用于使用特定服务器语言的页面，这些服务器语言包括 ASP、ASP. NET、CFML Basic、CFML Flow、CFML Advanced、JSP 和 PHP。这些类别中的每一个都提供了服务器代码对象，用户可以将这些对象插入"代码"视图中。

7）"应用程序"类别：使用户可以插入动态元素，如记录集、重复区域以及记录插入和更新表单。

8）"Flash 元素"类别：使用用户可以插入 Macromedia Flash 元素。

9）"收藏夹"类别：使用用户可以将"插入"栏中最常用的按钮分组和组织到某一公共位置。

（4）"属性"检查器 "属性"检查器使用用户可以检查和编辑当前选定页面元素（如文本和插入的对象）的最常用属性。"属性"检查器中的内容根据选定的元素会有所不同。例如，如果选择页面上的一个图像，则"属性"检查器将改为显示该图像的属性，如图像的文件路径、图像的大小等，如图5-4所示。

图5-4 "属性"检查器

默认情况下，"属性"检查器位于工作区的底部，但是如果需要的话，可以将它放在工作区的顶部，或者将它变为工作区中的浮动面板。

（5）"文件"面板 "文件"面板用于查看和管理 Dreamweaver 站点中的文件，如图5-5所示。

在"文件"面板中查看站点、文件或文件夹时，可以更改查看区域的大小，还可以展开或折叠"文件"面板。当"文件"面板折叠时，它以文件列表的形式显示本地站点、远程站点或测试服务器的内容。在展开时，它显示本地站点和远程站点或者显示本地站点和测试服务器。"文件"面板还可以显示本地站点的视觉站点地图。

对于 Dreamweaver 站点，还可以通过更改默认显示在折叠面板中的视图（本地站点或远程站点）来对"文件"面板进行自定义。

图5-5 "文件"面板

## 子任务2 使用 Dreamweaver 创建站点

 **知识导读**

在 Dreamweaver 中，"站点"一词既表示 Web 站点，又表示属于 Web 站点的文档的本地存储位置。在开始构建 Web 站点之前，需要建立站点文档的本地存储位置。Dreamweaver 站点可组织与 Web 站点相关的所有文档，跟踪和维护链接，管理文件，共享文件以及将站点文件传输到 Web 服务器。

可以使用"站点定义向导"设置 Dreamweaver 站点，该向导会引领用户完成设置过程。或者，也可以使用"站点定义"的"高级"设置，根据需要分别设置本地文件夹、远程文件夹和测试文件夹。在本任务中，将使用"站点定义"的"高级"设置来设置项目文件的本地文件夹。在本书后面的部分，还将介绍如何设置远程文件夹，以便将页面发布到 Web 服务器，从而提供给公众访问。

## 步骤：

**步骤1** 将素材文件夹 dmt 复制到 E 盘根目录下。

**步骤2** 启动 Dreamweaver。在系统中选择"开始"→"所有程序"→"Adobe"→"Adobe Dreamweaver CS3"，或双击桌面上的 Dreamweaver CS3 快捷方式图标。Dreamweaver CS3 闪屏界面和启动后界面如图 5-6、图 5-7 所示。

图 5-6 Dreamweaver CS3 闪屏界面　　　　图 5-7 Dreamweaver CS3 启动界面

**步骤3** 创建"多媒体技术与应用基础"站点。在菜单栏中选择"站点"→"新建站点"命令，打开"新建站点"对话框，如图 5-8 所示。

**步骤4** 在站点名称文本框中输入"多媒体技术与应用基础"，单击"下一步"按钮。在出现的对话框中选择"否，我不想使用服务器技术"项，单击"下一步"按钮。在出现的对话框中选择 E 盘根目录下的 dmt 文件夹，如图 5-9 所示。

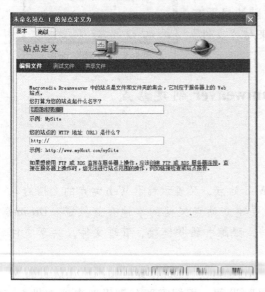

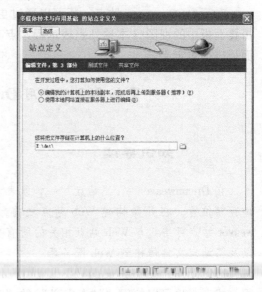

图 5-8 "新建站点"对话框　　　　图 5-9 站点目录选择

单击"下一步"按钮，在"您如何连接到远程服务器？"问题后选择"无"。单击"完成"按钮，完成站点创建。

### 子任务3　使用 Dreamweaver 制作一个网页框架

完成子任务2的操作后，在 Dreamweaver CS3 右侧的"文件"面板内就出现了新建的"多媒体技术与应用基础"站点。下面将为该站点制作一个网页框架。

#### 步骤：

**步骤1**　创建新文件。在菜单栏中选择"文件"→"新建"命令，打开"新建文件"对话框。在"空白页"选项卡中选择"HTML"项，单击"创建"按钮即创建一个新的网页文件。

图 5-10　"表格"对话框

**步骤2**　保存文件。完成步骤1的操作就创建了一个空白页面。在菜单栏中选择"文件"→"保存"命令，打开"保存"对话框。保存目录选择 E 盘根目录下的 dmt 文件夹，文件名为"tupian.html"。单击"保存"按钮保存文件。

**步骤3**　插入表格。将光标移到页面内，在菜单栏中选择"插入记录"→"表格"命令，打开"表格"对话框，设置参数如图5-10所示。

**步骤4**　设置整个表格属性。选中表格，在"属性"检查器中的对齐列表中选择"居中对齐"，将"背景颜色"设置为白色。

## 任务2　学会在网页中插入多媒体文件

### 子任务1　在网页中插入图像文件

#### 知识导读

一个页面仅有文本会非常单调，很难吸引人的注意，所以必须在文档中加入其他元素，如图像。如果能在网页设计中恰当地运用图像，既能使网页美观生动而且富有生机，又能体现网站的风格和特点，加深用户对网站的良好印象。

应用于网页中的图片，目前比较流行的有两种格式，即 GIF 格式和 JPG 格式。这两种格式，浏览器都能正确显示。下面介绍在网页中插入图像的简单操作方法。

## 步骤：

**步骤 1** 插入页面背景图片。在完成任务 1 的操作后，在"属性"检查器中单击"页面属性"按钮，打开"页面属性"对话框。选择背景图像为 dmt 目录下的 images 文件夹下的 bg.gif 文件，单击"应用"、"确定"按钮。保存后预览效果如图 5-11 所示。

**步骤 2** 在表格内插入图片。将光标移至表格第一行内，在菜单栏中选择"插入记录"→"图像"命令，打开"选择图像源文件"对话框。选择 dmt 目录下的 images 文件夹下的 top.jpg 文件，单击"确定"按钮即可。

**步骤 3** 在表格内插入背景图片。将光标移至表格第二行内，在"属性"检查器中单击背景标题后的图标🗁，在打开的对话框中选择 banner.gif 文件，单击"确定"按钮。

**步骤 4** 插入导航条文字。将光标移至表格第二行内，输入"图片 | 音频 | 视频 | 动画"。选中文字后，在"属性"检查器中设置字号为"24"，文本颜色为"白色"。

**步骤 5** 插入内容文字。将光标移至表格第三行内，在菜单栏中选择"插入记录"→"图像"命令，打开"选择图像源文件"对话框。选择 dmt 目录下的 sucai 文件夹下的 tupian.jpg 文件，单击"确定"按钮。保存后预览效果如图 5-12 所示。

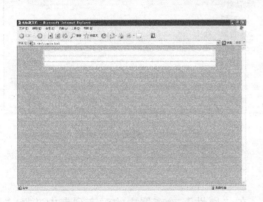

图 5-11 页面背景预览效果

图 5-12 插入图片预览效果

## 信息卡

Dreamweaver 提供基本图像编辑功能，使用户无需使用外部图像编辑应用程序（如 Adobe Fireworks）即可修改图像。Dreamweaver 图像编辑工具旨在使用户能与内容设计者（负责创建 Web 站点上使用的图像文件）轻松地协作。

Dreamweaver 具有以下图像编辑功能：

利用图像重新取样功能可以添加或减少已调整大小的 JPEG 和 GIF 图像文件中的像素，以与原始图像的外观尽可能地匹配。对图像进行重新取样会减小图像文件的大小，其结果是下载性能的提高。

在 Dreamweaver 中重新调整图像的大小时，可以对图像进行重新取样，以容纳其新尺寸。重新取样位图对象时，会在图像中添加或删除像素，以使其变大或变小。重新取样图像以取得更高的分辨率一般不会导致品质下降，但重新取样以取得较低的分辨率总会导致数据丢失，并且通常会使品质下降。

使用裁剪功能可让用户通过减小图像区域编辑图像。通常，用户可能需要裁剪图像以强调图像的主题，并删除图像中强调部分周围不需要的部分。

使用亮度/对比度修改功能可修改图像中像素的亮度或对比度。这将影响图像的高亮显示、阴影和中间色调。修正过暗或过亮的图像时通常使用此功能。

使用锐化功能可通过增加图像中边缘的对比度来调整图像的焦点。扫描图像或拍摄数码照片时，大多数图像捕获软件的默认操作是柔化图像中各对象的边缘，这可以防止特别精细的细节从组成数码图像的像素中丢失。不过，要显示数码图像文件中的细节，经常需要锐化图像，从而提高边缘的对比度，使图像更清晰。

Dreamweaver 的图像编辑功能仅适用于 JPEG 和 GIF 图像文件格式。其他位图图像文件格式不能使用这些图像编辑功能进行编辑。

## 子任务 2 在网页中插入音频文件

 **知识导读**

音频文件在网页中十分常见。网页中几乎可以嵌入所有格式的音频文件，它们各有优缺点。下面将介绍在网页中插入音频的简单操作方法。

### 步骤：

**步骤 1** 将 tupian. html 文件复制 3 份，文件名称分别为 yipin. html、shipin. html、donghua. html，全部存放在 dmt 文件夹下。

**步骤 2** 删除图像。打开 yinpin. html 文件，选中第三行中的 tupian. jpg 图片，按住 <Delete>键删除图像。

**步骤 3** 插入音频文件。将光标移至表格第三行内，在菜单栏中选择"插入记录"→"媒体"→"插件"命令，打开"选择文件"对话框，选择 dmt 目录下的 sucai文件夹下的 yinpin. mp3 文件，单击"确定"按钮。

**步骤 4** 设置音频文件显示大小。选中音频文件，在"属性"检查器中设置宽为"770"，高为"200"。高和宽的值确定音频控件在浏览器中以多大的大小显示。保存后预览效果如图 5-13 所示。

图 5-13 插入音频文件的预览效果

**注意**

嵌入音频是将声音文件直接插入页面中，但只有在访问者具有播放所选声音文件的适当插件后，声音才可以播放。将声音文件插入 Web 页面时，需要仔细考虑它们在 Web 站点内的适当使用方式，以及站点访问者如何使用这些媒体资源。因为访问者有时可能不希望听到音频内容，所以要提供启用或禁用声音播放的控制。

## 子任务3　在网页中插入视频文件

**知识导读**

可以通过不同方式将不同格式的视频文件添加到 Web 页面中。视频可被用户下载，或者可以对视频进行流式处理以便用户在下载它的同时播放。

### 步骤:

**步骤1**　删除图像。打开 shipin. html 文件，选中第三行中的 tupian. jpg 图片，按住 <Delete> 键删除图像。

**步骤2**　插入视频文件。将光标移至表格第三行内，在菜单栏中选择"插入记录"→"媒体"→"插件"命令，打开"选择文件"对话框。选择 dmt 目录下的 sucai 文件夹下的 shipin. avi 文件，单击"确定"按钮。

**步骤3**　设置视频文件显示大小。选中视频文件，在"属性"检查器中设置宽为"600"，高为"400"。高和宽的值确定视频控件在浏览器中以多大的大小显示。

## 子任务4　在网页中插入动画文件

**知识导读**

Dreamweaver 附带了 Flash 对象，无论用户的计算机上是否安装了 Flash，都可以使用这些对象。如果有 Flash 软件，请参见其使用说明，了解如何以集成的方式使用这些应用程序的信息。

在使用 Dreamweaver 提供的 Flash 命令前，应该对以下几种不同的 Flash 文件类型有所了解:

Flash 文件（. fla）是所有项目的源文件，在 Flash 程序中创建。此类型的文件只能在 Flash 中打开，而不能在 Dreamweaver 或浏览器中打开。可以在 Flash 中打开 Flash 文件，然后将它导出为 SWF 或 SWT 格式的文件以在浏览器中使用。

Flash SWF 文件（. swf）是 Flash（. fla）文件的压缩版本，已进行了优化以便于在 Web 上查看。此文件可以在浏览器中播放并且可以在 Dreamweaver 中进行预览，但不能在 Flash 中编辑。这是使用 Flash 按钮和 Flash 文本对象时创建的文件类型。有关更多信息，请参见插入和修改 Flash 按钮对象、插入 Flash 文本对象和插入 Flash 的相关内容。

Flash 模板文件（. swt）使用户能够修改和替换 Flash SWF 文件中的信息。这些文件用于 Flash 按钮对象中，使用户能够用自己的文本或链接修改模板，以便创建要插入在文档中的自定义 SWF 文件。在 Dreamweaver 中，可以在 Dreamweaver/Configuration/Flash Objects/Flash Buttons 和 Flash Text 文件夹中找到这些模板文件。

Flash 元素文件（.swc）是一个 Flash SWF 文件，通过将此类文件合并到 Web 页，可以创建丰富的 Internet 应用程序。Flash 元素有可自定义的参数，通过修改这些参数可以执行不同的应用程序功能。有关更多信息，请参见插入 Flash 元素和编辑 Flash 元素属性的相关内容。

Flash 视频文件格式（.flv）是一种视频文件，它包含经过编码的音频和视频数据，用于通过 Flash Player 传送。例如，如果有 QuickTime 或 Windows Media 视频文件，可以使用编码器（如 Flash 8 Video Encoder 或 Sorensen Squeeze）将视频文件转换为 FLV 格式的文件。

**步骤：**

**步骤 1**　删除图像。打开 donghua.html 文件，选中第三行中的 tupian.jpg 图片，按住 <Delete> 键删除图像。

**步骤 2**　插入动画文件。将光标移至表格第三行内，在菜单栏中选择"插入记录"→"媒体"→"Flash"命令，打开"选择文件"对话框，选择 dmt 目录下的 sucai 文件夹下的 donghua.swf 文件，单击"确定"按钮。

**步骤 3**　设置视频文件显示大小。选中视频文件，在"属性"检查器中设置宽为"600"，高为"400"。高和宽的值确定视频控件在浏览器中以多大的大小显示。

# 任务 3　学会多媒体网页的合成

## 子任务 1　了解超文本、超媒体技术

 **知识导读**

多媒体是融合两种或者两种以上媒体的一种人—机交互式信息交流和传播媒体，使用的媒体包括文字、图形、图像、声音、动画和视频等。多媒体是超媒体系统中的一个子集，超媒体系统是使用超链接构成的全球信息系统，而全球信息系统是 Internet 上使用 TCP/IP 和 UDP/IP 的应用系统。二维的多媒体网页使用 HTML 来编写，而三维的多媒体网页使用 VRML 来编写。目前，许多多媒体作品使用光盘存储并发行，而将来多媒体作品将会更多地使用网络作为载体。

多媒体使用具有划时代意义的"超文本"思想与技术组成了一个全球范围的超媒体空间，通过网络、只读光盘存储器（Compact Disc Read-only Memory，CD-ROM）、数字多功能光盘（Digital Versatile Disc，DVD）和多媒体计算机，使人们表达、获取和使用信息的方式和方法产生重大变革，对人类社会产生长远和深刻的影响。

**1. 超文本的概念**

1965 年 Ted Nelson 在计算机上处理文本文件时，想了一种把文件中遇到的相关文本

组织在一起的方法，从而让计算机能够响应人的思维以及能够方便地获取所需要的信息。他为这种方法杜撰了一个词，称为超文本（Hypertext）。实际上，这个词的真正含义是"链接"的意思，用来描述计算机中的文件的组织方法，后来人们把用这种方法组织的文本称为"超文本"。

超文本也是一种文本，但与传统的文本相比，它们之间的主要差别是，传统文本是以线性方式组织的，而超文本是以非线性方式组织的。这里的"非线性"是指超文本中遇到的一些相关内容通过链接组织在一起，用户可以很方便地浏览这些相关内容。这种文本的组织方式与人们的思维方式和工作方式比较接近。

超文本的概念如图 5-14 所示。超文本中带有链接关系的文本通常用下划线和不同的颜色表示。例如，文本①中的"超文本"与②中的"超文本"建立有链接关系，①中的"超媒体"与③中的"超媒体"建立有链接关系，③中的"超链接"与④中的"超链接"建立有链接关系，……这种文件就称为超文本文件。

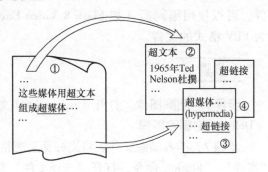

图 5-14　超文本的概念

超链接（Hyper Link）是指文本中的词、短语、符号、图像、声音剪辑或影视剪辑之间的链接，或者与其他的文件、超文本文件之间的链接，也称为"热链接"（Hot Link），或者称为"超文本链接"（Hypertext Link）。词、短语、符号、图像、声音剪辑、影视剪辑和其他文件通常被称为对象或者称为文档元素（Element），因此超链接是对象之间或者文档元素之间的链接。建立互相链接的这些对象不受空间位置的限制，它们可以在同一个文件内也可以在不同的文件之间，也可以通过网络与世界上的任何一台联网计算机上的文件建立链接关系。

**2. 超媒体的概念**

在 20 世纪 70 年代，用户语言接口方面的先驱者 Andries Van Dam 创造了一个新词"Electronic Book"，现在翻译成"电子图书"。电子图书中自然包含有许多静态图片和图形，它的含义是用户可以在计算机上去创作作品和联想式地阅读文件，它保存了用纸做存储媒体的最好的特性，而同时又加入了丰富的非线性链接，这就促使在 20 世纪 80 年代产生了超媒体（Hypermedia）技术。超媒体不仅可以包含文字而且还可以包含图形、图像、动画、声音和视频片段，这些媒体之间也是用超级链接组织的，而且它们之间的链接也是错综复杂的。

超媒体与超文本之间的不同之处在于，超文本主要是以文字的形式表示信息，建立的链接关系主要是文句之间的链接关系。超媒体除了使用文本外，还使用图形、图像、声音、动画或影视片段等多种媒体来表示信息，建立的链接关系是文本、图形、图像、声音、动画和影视片断等媒体之间的链接关系，如图 5-15 所示。

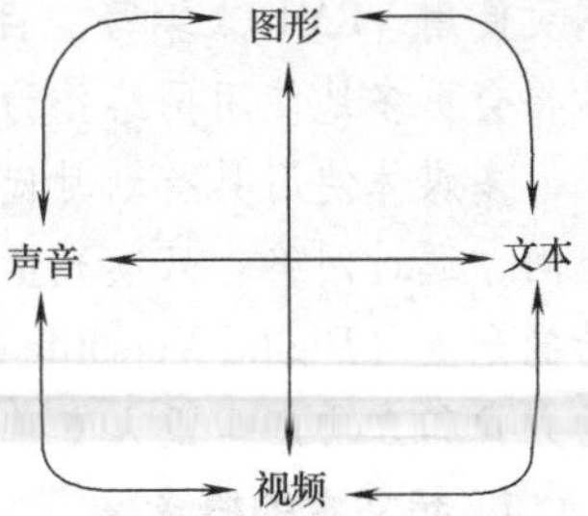

当用户使用 Web 浏览器浏览 Internet 时，在屏幕上看到

图 5-15　超媒体的概念

的文档页面称为网页（Web Page），它是 Web 站点。而进入该站点时在屏幕上显示的综合界面称为起始页（Home Page）或者主页，它有点像一本书的封面或者文本标记语言（HTML），是从标准通用标记语言（SGML）导出的。

## 子任务2 在网页中建立超文本、超媒体

**知识导读**

超链接是多媒体网页中一个不可缺少的要素。在一个文档中可以创建几种类型的链接：链接到其他文档或文件（如图形、影片、PDF 或声音文件）的链接；命名锚记链接，此类链接跳转至文档内的特定位置；电子邮件链接，此类链接新建一个收件人地址已经填好的空白电子邮件；空链接和脚本链接，此类链接使用户能够在对象上附加行为，或者创建执行 JavaScript 代码的链接。创建链接之前，一定要清楚文档相对路径、站点根目录相对路径以及绝对路径的工作方式。

为图像、音频、视频等添加超链接的操作方法与为文本添加超链接的方法一样。本任务以为文本添加超链接为例。

**步骤:**

**步骤1** 选择对象。打开 tupian.html 文件，选中导航栏中的"图片"两字。

**步骤2** 添加超链接。选中对象后，在"属性"检查器中的"链接"后的文本框中输入"tupian.html"，如图 5-16 所示。也可以单击"链接"后的图标 📁，在打开的对话框中选择 tupian.html 文件，单击"确定"按钮。

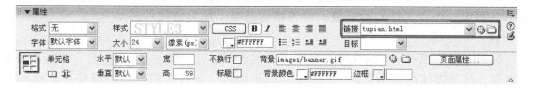

图 5-16 添加超链接

**步骤3** 依照步骤 1 和步骤 2 的操作，依次为导航栏中的"音频"、"视频"、"动画"等文字添加超链接。

**步骤4** 打开 yinpin.html、shipin.html、donghua.html 等文件，对页面中的导航栏进行超链接设置。

信息卡

了解从作为链接起点的文档到作为链接目标的文档之间的文件路径对于创建链接至关重要。

每个网页都有一个唯一的地址，称作统一资源定位器（URL）。不过，当创建本地链接（即从一个文档到同一站点上另一个文档的链接）时，通常不指定要链接到的文档的

完整 URL，而是指定一个始于当前文档或站点根文件夹的相对路径。有三种类型的链接路径：

1）绝对路径，如 http：//www. macromedia. com/support/dreamweaver/contents. html。

2）文档相对路径，如 dreamweaver/contents. html。

3）站点根目录相对路径，如/support/dreamweaver/contents. html。

# 学 材 小 结

本模块主要介绍 Dreamweaver 8 的基本使用方法。学生通过本模块的学习，要初步学会规划、制作多媒体网页的一般方法；掌握利用 Dreamweaver 8 设计多媒体网页、插入多媒体文件以及进行网页合成的基本方法。

**理论知识**

1. 二维的多媒体网页使用 _____ 来编写，而三维的多媒体网页使用 _____ 来编写。

2. 超文本（Hypertext）一词的真正含义是_____的意思。

3. 超文本与传统的文本相比，它们之间的主要差别是，传统文本是以_____方式组织的，超文本是以_____方式组织的。这里的_____是指文本中遇到的一些相关内容通过_____组织在一起，用户可以很方便地浏览这些相关内容。这种文本的组织方式与人们的_____方式和工作方式比较接近。

4. 超链接是对象之间或者_____之间的链接。建立互相链接的这些对象不受_____的限制，它们可以在同一个文件内也可以在不同的文件之间，也可以通过_____与世界上的任何一台联网计算机上的文件建立链接关系。

5. 在一个文档中可以创建几种类型的链接：链接到其他文档或文件（如图形、影片、PDF 或声音文件）的链接；命名锚记链接，此类链接跳转至_____的特定位置。

6. 超媒体不仅可以包含文字而且还可以包含图形、图像、_____、声音和视频片段，这些媒体之间也是用_____组织的，而且它们之间的链接也是错综复杂的。

7. 超媒体与超文本之间的不同之处是，超文本主要是以_____的形式表示信息，建立的链接关系主要是文句之间的链接关系。超媒体除了使用文本外，还使用图形、图像、声音、动画或影视片段等_____来表示信息，建立的链接关系是文本、图形、图像、声音、动画和影视片段等媒体之间的链接关系。

# 拓 展 练 习

制作学校的多媒体网页。

# 模块 6

## 多媒体综合作品的设计与制作

### 本模块导读

在各种多媒体应用软件中，Macromedia 公司推出的 Authorware 是不可多得的开发工具之一。

Authorware 采用面向对象的设计思想，是一种基于图标（Icon）和流线（Line）的多媒体开发工具。它把众多的多媒体素材交给其他软件处理，本身则主要承担多媒体素材的集成和组织工作。

Authorware 操作简单，程序流程明了，开发效率高，并且能够结合其他多种开发工具，共同实现多媒体的功能。它易学易用，不需大量编程，使得不具有编程能力的用户也能创作出一些高水平的多媒体作品，因此无论对于非专业开发人员还是专业开发人员都是一个很好的选择。

Authorware 作为交互式学习和网页多媒体的最佳创作工具，具备交互性强、操作简便、流程控制图标化等特点，已经被广泛应用于商业、教育、工业等部门。

本模块主要学习多媒体综合作品的设计与制作，通过本模块的学习和实训，学生应学会使用 Authorware 7.0 制作小型的多媒体综合作品。

### 本模块要点

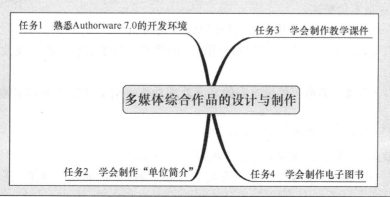

任务1　熟悉Authorware 7.0的开发环境

任务3　学会制作教学课件

多媒体综合作品的设计与制作

任务2　学会制作"单位简介"

任务4　学会制作电子图书

# 任务1 熟悉 Authorware 7.0 的开发环境

## 子任务1 了解 Authorware 7.0 工作界面

### 1. Authorware 的特点

Authorware 具有以下几个主要特点：

1）面向对象的可视化编程。这是 Authorware 区别于其他软件的一大特色。它提供直观的图标流程控制界面，利用对各种图标逻辑结构的布局，来实现整个应用系统的制作。它一改传统的编程方式，采用鼠标对图标的拖放来替代复杂的编程语言。

2）丰富的人机交互方式。Authorware 提供 11 种内置的用户交互和响应方式及相关的函数、变量。人机交互是评估软件优劣的重要尺度。

3）丰富的媒体素材的使用方法。Authorware 具有一定的绘图功能，能方便地编辑各种图形，能多样化地处理文字。Authorware 为多媒体作品制作提供了集成环境，能直接使用其他软件制作的文字、图形、图像、声音和数字电影等多媒体信息。对多媒体素材文件的保存采用 3 种方式，即：保存在 Authorware 内部文件中；保存在库文件中；保存在外部文件中，以链接或直接调用的方式使用，还可以按指定的 URL 地址进行访问。

4）强大的数据处理能力。Authorware 利用系统提供的丰富的函数和变量来实现对用户的响应，允许用户自己定义变量和函数。

### 2. Authorware 的工作界面

同许多其他 Windows 程序一样，Authorware 具有良好的用户界面。Authorware 的启动、文件的打开和保存、退出这些基本操作都和其他 Windows 程序类似。

下面仅介绍 Authorware 特有的菜单和工具栏。

（1）菜单栏（如图 6-1 所示）

图 6-1 菜单栏

"文件"（File）、"编辑"（Edit）、"视图"（View）3 个菜单与其他软件的同名菜单功能相似，这里不再赘述。

"插入"（Insert）菜单：用于引入知识对象、图像和 OLE 对象等。

"修改"（Modify）菜单：用于修改图标、图像和文件的属性，建组及改变前景和后景的设置等。

"文本"（Text）菜单：提供丰富的文字处理功能，用于设定文字的字体、大小、颜色、风格等。

"控制"（Control）菜单：用于调试程序。

"特殊效果"（Xtras）菜单：用于库的链接及查找显示图标中文本的拼写错误等。

"命令"（Commands）菜单：里面有关于 Authorware. com 的相关内容，还有 RTF 编辑器和查找 Xtras 等内容。

"窗口"（Window）菜单：用于打开展示窗口、库窗口、计算窗口、变量窗口、函数窗口及知识对象窗口等。

"帮助"（Help）菜单：从中可获得更多有关 Authorware 的信息。

（2）常用工具栏　常用工具栏是 Authorware 窗口的组成部分，如图 6-2 所示。其中，每个按钮实质上是菜单栏中的某一个命令，由于使用频率较高，被放在常用工具栏中，熟练使用常用工具栏中的按钮，可以使工作事半功倍。

图 6-2　常用工具栏

（3）图标工具栏　图标工具栏在 Authorware 窗口中的左侧，如图 6-3 所示，包括 13 个图标、开始旗、结束旗和图标调色板，是 Authorware 最特殊也是最核心的部分。

"数字电影"（Digital Movie）图标：用于加载和播放外部各种不同格式的动画和影片，如用 3D Studio MAX、Quick-Time、Microsoft Video for Windows、Animator、MPEG 以及 Director 等制作的文件。

"声音"（Sound）图标：用于加载和播放音乐及录制的各种外部声音文件。

"视频"（Video）图标：用于控制计算机外接的视频设备的播放。

"开始"（Start）旗：用于设置调试程序的开始位置。

"结束"（Stop）旗：用于设置调试程序的结束位置。

图标调色板（Icon Color）：给设计的图标赋予不同颜色，以利于识别。

（4）程序设计窗口　程序设计窗口是 Authorware 的设计中心。Authorware 具有对流程可视化编程功能，主要体现在程序设计窗口的风格上。程序设计窗口如图 6-4 所示。

标题栏：显示被编辑的程序文件名。

主流程线：一条被两个小矩形框封闭的直线，用来放置设计图标。程序执行时，沿主流程线依次执行各个设计图标。开始点和结束点两个小矩形，分别表示程序的开始和结束。

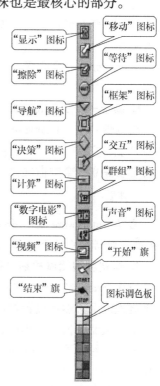

图 6-3　图标工具栏

粘贴指针：手形图标指针，指示下一步设计图标在流程线上的位置。单击程序设计窗口的任意空白处，粘贴指针就会跳至相应的位置。

Authorware 的这种流程图式的程序结构，能直观、形象地体现编程思想，反映程序执行的过程，使得不懂程序设计的人也能很轻松地开发出漂亮的多媒体程序。

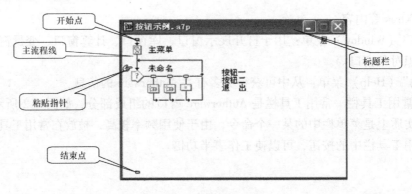

图 6-4　程序设计窗口

# 子任务 2　熟悉 Authorware 7.0 操作环境

知识导读

使用 Authorware 制作多媒体的思路非常简单，它直接采用面向对象的流程线设计，通过流程线的箭头指向就能了解程序的具体流向。Authorware 能够使不具备高级语言编程经验的用户迅速掌握它，因为在 Authorware 制作的作品中很少要求编辑复杂的程序代码。另外，Authorware 提供了许多快捷方式，如即拖即放的设计图标，灵活方便的工具按钮等。

## 1. 新建一个 Authorware 文件

在编辑一个 Authorware 文件之前，首先应新建一个空白文件。在菜单栏中选择"文件"→"新建"→"文件"命令，一个新的设计窗口就会被打开。通常，Authorware 在启动时会自动建立一个空白文件。

注意

启动 Authorware 时，会弹出欢迎界面，单击或等待几秒后，界面消失。在弹出的"新建"对话框中选择"取消"或"不选"按钮，即可创建一个空白文件。

## 2. 组建和编辑流程线的基本操作

Authorware 的编程特别简单，几乎不使用任何一句程序代码。只要将图标板上的图标拖至流程线上，然后设置好图标属性的各个选项，再控制好相应的程序流向，即可完成。实际上，编制任何一个程序，都不可能一蹴而就，这就要求编辑流程线了。

前面已经见到过 Authorware 流程线的基本模样，下面介绍组建和编辑流程线的基本操作。

（1）图标的命名　通常，流程线上的图标是通过鼠标将其从图标工具栏上拖到流程线上的。例如，用鼠标按住图标工具栏上的"声音"图标，然后将其拖至流程线上松开，这时，图标就被放置到流程线上了。同时，在图标的右面出现图标的默认名称"未命名"（Untitled），如图 6-5 所示。用户可以给图标标记合适的名称，按卜 < BackSpace > 键，将"未命名"删除，然后就可以在光标停留处输入该图标的名称了。

注意

流程线上的图标可以是任意多个，并且图标的名称可以是重复的。不过，为了以后的检查方便，最好给图标以醒目的名称。

（2）图标的剪切、复制、粘贴、删除和移动　流程线的编辑操作中，最常用的莫过于移动、插入、删除、剪切、复制等操作了。在进行以上的操作时，首先必须要选择图标对象。单个图标的选择最简单，只要单击它即可。如果要选择多个相邻的图标，可以直接用鼠标画定图标范围进行选择。如图6-6所示，要选择A、B和C这3个图标，用户可以在第一个图标的左上方按住鼠标，然后向右下方拖动，此时，窗口上出现一个矩形虚线框，松开鼠标后，矩形虚线框内的图标颜色变暗，表示被选中。

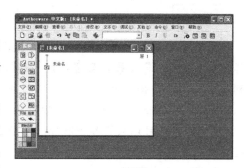

图6-5　图标命名

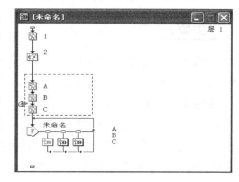

图6-6　选择图标

注意

如果要同时选择互不相邻的多个图标，可以先按住<Shift>键，然后在流程线上逐个单击需要的图标。

接下来，如果要将选择的图标转移到流程线的下方，首先单击工具栏上的"剪切"按钮（如果要复制选择的图标，则单击工具栏上的"复制"按钮），此时图标消失（保存在剪贴板上），然后单击流程线的最下方，"手形"指针随之下移，然后单击工具栏上的"粘贴"按钮，3个图标就会被复制到当前位置上。图标的删除操作非常简单，选择好图标对象，然后直接按<Delete>键，所选的图标对象就被删除了。

移动图标同样简单，先选择要被移动的图标，然后直接将它拖到流程线上的合适位置松开鼠标，图标就移动到当前位置了。

（3）图标的归组　图标的归组在流程线的编辑中非常有用，使用这一功能，Authorware会将令人眼花缭乱的流程图变得十分清晰，这也在一定程度上大大简化了设计窗口的空间。如果想将前面所说的3个图标归为一组，首先选择它们，然后选择菜单栏中的"修改"→"群组"命令，如图6-7所示。图标归组后，变为一个"群组"图标，图标名称改为"ABC"。

如果要将其中的图标释放出来，可选择菜单栏中的"修改"→"取消群组"命令。

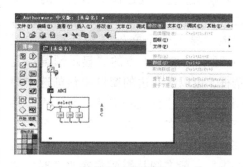

图6-7　图标归组

**信息卡**

每一个"群组"图标通常拥有自己的流程线，双击该图标，屏幕又将弹出一个窗口，标题为"Level 2"（第二层窗口）。在第二层窗口中，同样也有流程线。当 Authorware 遇到一个"群组"图标时，它将先执行图标内部的流程线，当执行完最后一个图标时，Authorware 将退出该"群组"图标，执行 Level 1（第一层窗口）中的下一个图标。在"群组"图标内可以放置各种图标，包括其他"群组"图标，这样 Authorware 的设计空间将变得越来越大。

**3. 做一个小案例**

下面完成一个小案例，制作移动的标题文字。

**步骤：**

**步骤1** 向设计窗口中依次拖入两个"显示"图标（Display）和一个"移动"图标（Motion），并分别命名，如图 6-8 所示。

**步骤2** 双击"背景图"显示图标，打开"演示窗口"（Presentation Window），如图 6-9 所示，这个窗口就是最终用户看到的窗口。同时，出现"编辑工具盒"，其中的 8 个按钮的功能依次为：选择/移动、文本编辑、画水平垂直或 45°直线、画任意直线、画椭圆/圆、画矩形、画圆角矩形、画多边形。

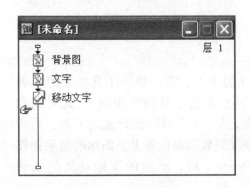

图 6-8　程序流程图

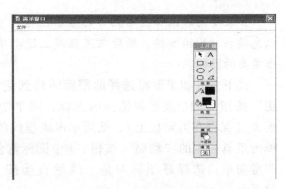

图 6-9　程序演示窗口

**步骤3** 单击工具栏上的"导入"工具按钮，或选择菜单栏中的"文件"→"另存为"→"导入和导出"命令，出现"导入哪个文件"对话框，如图 6-10 所示。选中下方的"显示预览"复选框，可以在右边的窗口中预览选中的图片。选中"链接到文件"复选框，将链接到外部文件，如果外部文件修改了，那么在 Authorware 中看到的也是修改后的图，一般在图片需要多次改动时，选

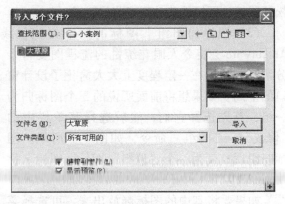

图 6-10　"导入哪个文件"对话框

174

中此项。

点击右下角的"＋"按钮，可以一次输入多个对象。

**步骤 4** 双击"文字"显示图标，单击"文本编辑"按钮，鼠标指针为"I"形，在展示窗口中单击鼠标左键，进入文本编辑状态，如图 6-11 所示。

图 6-11　文字编辑状态

图 6-12　显示模式

输入的文字如果有白色的背景，可以双击工具箱中"选择"按钮，或单击"模式"按钮，打开模式窗口，选择"透明"（Transparent）模式，如图 6-12 所示。

**步骤 5** 格式化文本。可以使用菜单栏中的"文本"菜单设置文本的字体、大小、格式、对齐方式，如图 6-13 所示。

另外，也可使用文字样式表来格式化文本，样式表和 Word 中的样式、HTML 中的 Style 是相似的，使用了某种样式的文字，在更改样式后，文字将自动更新，而不需要再去重新设置。

想要定义样式，选择菜单栏中的"文本"→"定义风格"命令，打开"定义风格"对话框，如图 6-14 所示。应用样式，先选中文字，然后选择"文本"→"应用风格"命令，或者直接在工具栏上的样式表中选取。

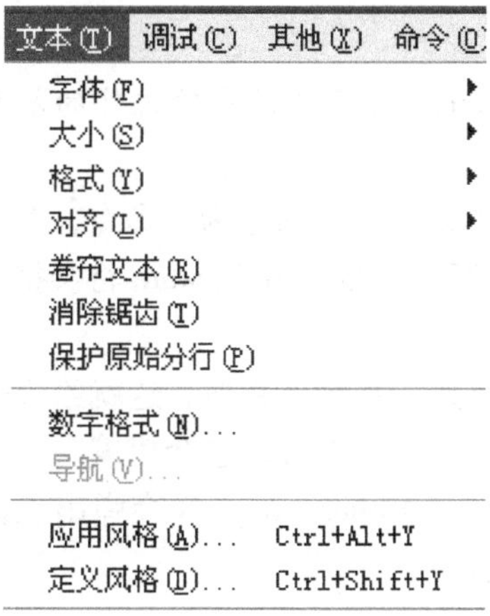

图 6-13　"文本"菜单

图 6-14　"定义风格"对话框

**步骤 6** 双击"移动文字"移动图标，弹出"属性：移动图标"面板，如图 6-15 所示。用鼠标选中刚才输入的文字，可以在属性面板的左上方预览窗口中看到要设置移动的对象。然后，将文字拖动到另外一个位置，一个移动的标题文字就做成了。如果觉得移动的位置不太合适，可以再仔细调整一下。

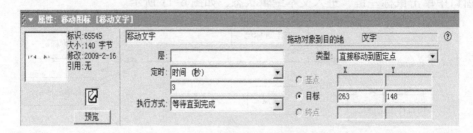

图 6-15　移动图标的属性面板

**步骤7**　选择菜单栏中的"调试"→"播放"命令，或单击常用工具栏中的"运行"按钮或按 < Ctrl + R > 快捷键运行该程序，查看效果如图6-16所示。

**4. 保存和压缩文件**

Authorware 为用户提供了 4 种保存方式，分别是保存、另存为、压缩保存和全部保存。

如果未将程序保存就关闭程序，Authorware 会弹出一个提示对话框，单击"是"按钮，Authorware就会弹出"保存文件"对话框。打开"保存在"下拉列表框，在其中选择文件要保存

图 6-16　作品效果图

的驱动器或文件夹，然后在"文件名"文本框中输入文件的名称，最后单击"保存"按钮即可。

> **注意**

Authorware 7.0 保存的文件的扩展名是 . a7p，而 Authorware 6.0 保存的文件的扩展名是 . a6p。

当要将文件另存为新文件时，可以选择菜单栏中的"文件"→"另存为"命令，Authorware 同样会弹出上面的对话框。选择"文件"→"全部保存"命令，Authorware 将会把用户打开的所有文件（包括库）全部保存。

Authorware 所编写的程序一般很大，有的几兆、几十兆、甚至上百兆，这就给文件复制和转移带来诸多不便。为此，Authorware 还提供了压缩保存的方式，它会使编写的文件变得很小。选择菜单栏中的"文件"→"压缩保存"命令，Authorware 一样会弹出上面的对话框，用前面提到过的保存文件的方式可以将其压缩保存。

> **注意**

经过压缩保存的文件虽然变小了，但运行该程序时，它的速度会有所减慢。

# 任务2 学会制作"单位简介"

## 子任务1 收集、整理、加工作品素材

### 1. 收集素材

收集客户方——内蒙古电子信息职业技术学院所提供的原始资料，其中包括学院的一些文字信息、学院注册商标图片、新校区鸟瞰图、校园掠影等。

### 2. 加工素材

图片和声音占用的空间较大，对程序的运行速度有很大影响。在使用图片时，如果256色可以表现出所需色彩的，就不要使用16位或16位以上的真彩色，这样也会使文件变得很大。另外，因为是要在屏幕上显示图片，而屏幕的显示精度为每英寸72点或96点，因此没有必要使用每英寸100点以上的图片，因为最终的显示效果基本一样。

使用图形图像处理软件加工素材生成所需图片，其中图6-17、图6-18、图6-19将作为该软件的背景图片，图6-20、图6-21是根据学院现有教师学历、职称情况所做的统计图，图6-22为学院专业建设方面所做的宣传图片。

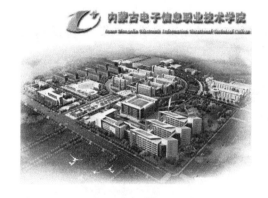

图6-17 鸟瞰图加工图

图6-18 校图掠影加工图

图6-19 学院介绍加工图

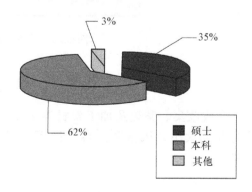

图6-20 学院现有教师学历情况加工图

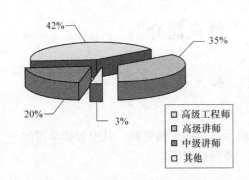

主要课程：C 语言程序设计、微机与汇编语言、数据结构与算法、操作系统、数据库与应用（VFP）、网页制作、Visual Basic 程序设计、软件工程、软件开发技术、C++ 语言程序设计、JAVA 程序设计等。

图 6-21　学院现有教师职称情况加工图　　　图 6-22　学院专业建设软件开发技术专业加工图

### 3. 规范各种外部文件的位置

如果在作品中嵌入了大量的文件，特别是声音等较大文件，会使主程序文件过大，从而影响播放速度。所以，常将这些文件作为外部文件发布。对这些文件，不同类型一般放在不同的目录下，以便管理。例如，图片放在 image 文件夹中，声音放在 sound 文件夹中等。

使用外部扩展函数库之前，要考虑好这些外部文件的位置。例如，要使用扩展函数 Winapi. u32，而这个文件在 Authorware 安装目录下，但是最好在主程序文件下建一目录，将这些外部函数都放在这个目录里，设置好搜索路径，否则在没有安装 Authorware 的计算机上会提示找不到这些函数，从而无法实现这些函数的功能。

另外，规范各种外部文件的名字、位置是一个良好的编辑习惯。如图 6-23 所示是在制作本案例时收集并整理规范的外部文件。

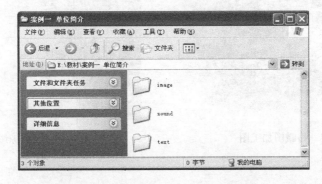

图 6-23　单位简介案例素材整理窗口

## 子任务 2　确定软件大小与风格

完成收集、整理及加工素材等工作后，就要根据客户需求、资源条件等因素确定作品的大小、风格和内容。以下是进行开发 Authorware 作品之前就要考虑好的问题：

1）运行程序时显示器的分辨率。这是一个很重要的问题，Authorware 默认的作品是大小是 640×480 像素，这样大小的作品很适合在 14 寸显示器上运行。现在一般将作品的大小设为 800×600 像素比较合适。这项工作在开始设计之前就要做好，要是等到程序设

178

计完成之后，再来更改显示大小，那么原来调整好的图片、文字、按钮的位置都将发生变化，而重新调整的工作将十分复杂。

2）是否需要标题栏和菜单栏。这个问题也是在设计作品之前就要考虑好的问题。Authorware 默认显示标题栏和菜单栏。如果在完成后又想去掉菜单栏，也要对所有的图片进行位置的调整，因为菜单栏和标题栏也在屏幕上占了一定的高度。

因本实例在运行时不想显示菜单栏，而想在标题栏中显示标题为"内蒙古电子信息学院简介"，因此在标题文本框中输入指定的文字，此标题在程序启动后一直显示。

### 1. 新建文件、设置文件属性

**步骤：**

**步骤1** 创建新文件。

**步骤2** 设置文件属性。选择菜单栏中的"修改"→"文件"→"属性"命令，打开"属性：文件"面板，进行设置，如图 6-24 所示。

**步骤3** 保存该文件，名字为"单位简介"。

图 6-24　文件的属性面板

**信息卡**

在文件的属性面板中有两个颜色设置按钮，单击"背景色"按钮，将弹出"颜色"对话框。在颜色方块中选择一个颜色方块，该颜色将作为程序运行时"演示窗口"的背景色。单击"关键色"按钮，将弹出"关键色"对话框，该对话框颜色的设置与上面相同。

### 2. 软件设计思路

在开始启动 Authorware 制作程序之前，最好将软件思路整理出来。比如，什么时候进行跳转，跳到什么地方，如何返回等。没有总体设计，在设计程序时，随心所欲，将会不停地修改，始终确定不了程序的流向。所以在开始制作之前，理好软件各层次的关系将会大大提高工作效率。

本软件分为片头、主界面、片尾 3 个模块，同时在软件运行过程中一直有背景音乐。软件运行则进入片头界面，如图 6-25 所示；单击鼠标左键或自动进入主界面，如图 6-26 所示。该界面又有"学院概述"、"校园掠影"、"师资队伍"、"专业建设"4 个文字链接，可分别进入该部分说明，如图 6-27 ~ 图 6-30 所示。可通过"返回"文字链接返回到主界面，在主界面中有"退出"义字链接，单击则进入片尾界面，如图 6-25 所示，之后自动或单击鼠标左键退出软件。

图6-25　片头、片尾界面

图6-26　主界面

图6-27　"学院概述"说明界面

图6-28　"学院掠影"说明界面

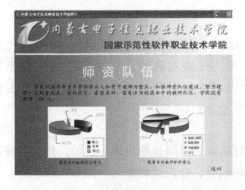

图6-29　"师资队伍"说明界面

图6-30　"专业建设"说明界面

## 子任务3　制作索引页与搭建框架

根据软件设计思路来完成该多媒体软件设计窗口的设计，如图6-31所示是软件主设计窗口的层1流程线，图6-32～图6-34所示分别是片头、主界面、片尾3个模块设计窗口的层2流程线，图6-35～图6-39所示分别是主界面"实五项目"、"学院概述"、"校园掠影"、"师资队伍"、"退出"群组图标设计窗口的层3流程线，如图6-40所示是实现返回主界面功能"返回"群组图标设计窗口的层4流程线。

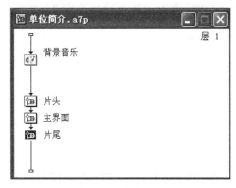

图 6-31　主流程线

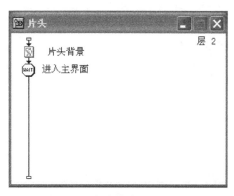

图 6-32　片头模块层 2 流程线

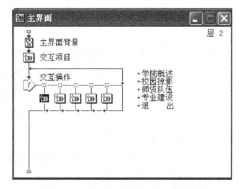

图 6-33　主界面模块层 2 流程线

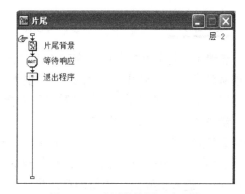

图 6-34　片尾模块层 2 流程线

图 6-35　"交互项目"群组图标层 3 流程线

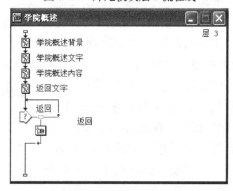

图 6-36　"学院概述"群组图标层 3 流程线

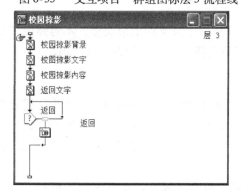

图 6-37　"校园掠影"群组图标层 3 流程线

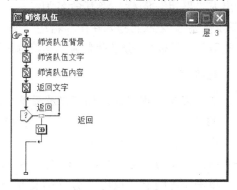

图 6-38　"师资队伍"群组图标层 3 流程线

181

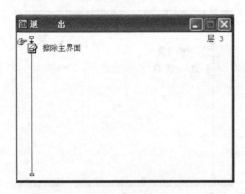

图 6-39 "退出"群组图标层 3 流程线

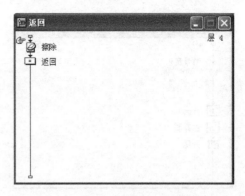

图 6-40 "返回"群组图标层 4 流程线

## 步骤：

**步骤 1** 主流程线设计。拖动 1 个"声音"图标、3 个"群组"图标到主流程线上，并重命名为"背景音乐"、"片头"、"主界面"、"片尾"，如图 6-31 所示。其中"声音"图标用来加载背景音乐，3 个"群组"图标分别用来实现片头、主界面、片尾 3 个模块。

**步骤 2** 片头模块的层 2 流程线设计。双击主流程线上片头群组图标，进入"片头"的层 2 窗口。拖动 1 个"显示"图标、1 个"等待"图标到子流程线上，并重命名为"片头背景"、"进入主界面"，如图 6-32 所示。其中，"片头背景"显示图标用来加载片头背景；"进入主界面"等待图标用来设置单击、按任意键或 3 秒后自动进入主界面。

**步骤 3** 主界面模块的层 2 流程线设计。双击主流程线上"主界面"群组图标，进入主界面的层 2 窗口，拖动 1 个"显示"图标、1 个"群组"图标到子流程线上，并重命名为"主界面背景"、"交互项目"。其中，"主界面背景"显示图标用来加载主界面背景；"交互项目"图标用来实现主界面模块与 4 个说明部分的交互以及退出主界面功能。

再拖动 1 个"交互"图标到子流程线上，并在其右侧拖动 1 个"群组"图标，释放鼠标将弹出"交互类型"对话框，如图 6-41 所示。选择"热对象"交互类型，再单击"确定"按钮。在"交互"图标右侧出现"群组"图标，将其命名为

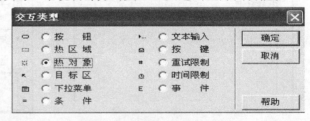

图 6-41 "交互类型"对话框

"学院概述"。依次再拖入 4 个"群组"图标（默认前一个分支的响应类型，不再弹出"交互类型"对话框），分别命名为"学院掠影"、"师资队伍"、"专业建设"及"退出"。

### 信息卡

在"交互"图标的右侧可以放置多个图标，每个图标代表一路分支。"交互"图标可设置 11 种"交互响应"类型，分别是按钮响应、文本响应、热区响应、条件响应、热对象响应、键盘响应、目标区域响应、重试限制、下拉菜单响应、时间限制、事件响应。每一种响应类型的图标、功能、设置是不同的。

单击流程线上"退出"分支的交互类型按钮，弹出"属性：交互图标"面板，单击

"响应"选项卡，按如图6-42所示更改默认设置。

图6-42 "退出"交互图标的属性面板

**信息卡**

"永久"复选框：用户所设置的响应类型将永远有效，直到退出该交互程序。

"激活条件"文本框：可输入控制响应产生的条件，如设置一个逻辑表达式。当条件满足时，该响应生效。

"状态"下拉列表框：有三种响应状态，不判断、正确响应以及错误响应。

"擦除"下拉列表框：有四个擦除条件，退出、在下一个响应之前、在下一个响应之后以及不擦除，分别设置交互图标的擦除时间。

"计分"文本框：可输入与响应有关的值，如果响应结果为真，"计分"值为正。

**步骤4** 片尾模块的层2流程线设计。双击主流程线上"片尾"群组图标，进入"片尾"的层2窗口。拖动1个"显示"图标、1个"等待"图标以及1个"计算"图标到子流程线上，并重命名为"片尾背景"、"等待响应"、"退出程序"，如图6-34所示。其中，"片尾背景"显示图标用来加载片尾背景；"等待响应"等待图标用来设置单击、按任意键或3秒后自动进入计算图标；"退出程序"计算图标用来实现程序安全退出。

**步骤5** "交互项目"群组图标的层3流程线设计。双击"交互项目"群组图标，进入"交互项目"的层3窗口。拖动5个"显示"图标到流程线上并重命名，如图6-35所示，分别用来显示文字链接题目。

**步骤6** "学院概述"群组图标的层3流程线设计。双击"学院概述"群组图标，进入"学院概述"的层3窗口。拖动5个"显示"图标、1个"交互"图标（交互类型为热区）、1个"群组"图标到层3流程线并重命名，如图6-36所示。"显示"图标分别用来显示学院概述背景、文字、内容和"返回"文字，"群组"图标用来实现返回主界面的交互。

"校园掠影"、"师资队伍"群组图标的层3流程线设计如图6-37、图6-38所示，"专业建设"的流程线与此相类似，不再赘述。

**步骤7** "退出"群组图标的层3流程线设计。双击"退出"群组图标，进入其层3窗口。拖动1个"擦除"图标到流程线上并重命名，如图6-39所示。"擦除"图标用来擦除主界面内容，准备进入片尾模块。

**步骤8** "返回"群组图标的层4流程线设计。双击"返回"群组图标，进入其层4窗口。拖动1个"擦除"图标、1个"计算"图标到流程线上并重命名，如图6-40所示。"擦除"图标用来擦除"学院概述"等部分内容，"计算"图标用来实现返回到主界面功能。

## 子任务4  完成具体目录页

**步骤：**

**步骤1**  主流程线图标设置。单击"背景音乐"声音图标，打开"属性：声音图标"面板，单击左下角"导入"按钮，选择要导入的背景音乐。再选择"计时"选项卡，设置如图6-43所示。

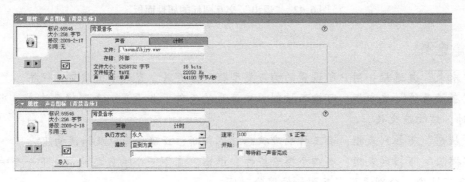

图6-43  "背景音乐"声音图标的属性面板

**信息卡**

在"声音"选项卡的"文件"文本框中会显示声音文件的文件名及路径，在"存储"文本框中将显示存储声音文件的方式，如将文件保存在程序的内部，显示"内部"；如果保存在外部，则显示"外部"。

在"计时"选项卡中可进行声音播放的设置。

1)"执行方式"下拉列表框：有等待直到完成、同时、永久3种方式，分别对应设置声音文件的播放时间为播放完、执行下一个图标同时播放、一直播放。

2)"播放"下拉框：设置声音的播放次数和播放条件。

**注意**

"导入声音文件"对话框与"导入图片文件"对话框相似，可选择"链接到文件"复选框以节省空间。

**步骤2**  片头模块图标设置。双击"片头背景"显示图标，弹出"演示窗口"，选择菜单栏中的"文件"→"导入"命令，选择片头背景图案加到窗口中，并调整图片。

单击"片头背景"显示图标，打开"属性：显示图标"面板，设置如图6-44所示。

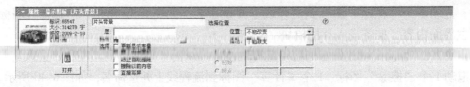

图6-44  "片头背景"显示图标的属性面板

**信息卡**

在"属性：显示图标"面板左上角的预览框中可以看到该显示图标内存储的内容。

在"层"文本框内可以输入某一整数来作为对象的显示层次，数值越大，层次越高，对象就会显示在最前面。另外，也可以输入负整数和零。

单击"特效"旁的按钮，将弹出"特效方式"对话框。选择合适的特效，会产生动画的感觉。

勾选"更新显示变量"复选框，在执行该图标时将自动更新图标中的变量。

勾选"禁止文本查找"复选框，在设置查找时，将自动屏蔽该图标。

勾选"防止自动擦除"复选框，该图标将阻止自动、擦除功能，除非再使用一个"擦除"图标来将其擦除。

单击"进入主界面"等待图标，打开"属性：等待图标"面板，设置"单击鼠标"、"按任意键"或 3 秒后自动进入主界面，如图 6-45 所示。

图 6-45 "进入主界面"等待图标的属性面板

**步骤 3** 主界面模块图标设置。双击"主界面背景"显示图标，导入主界面背景。

双击"交互项目"群组图标，进入其层 3 窗口，分别双击"学院概述"、"校园掠影"、"师资队伍"、"专业建设"、"退出"五个"显示"图标并输入文字，调整位置，如图6-26所示。

单击"学院概述"交互方式按钮，打开"属性：交互图标"面板，设置如图 6-46 所示。

图 6-46 "学院概述"交互图标的属性面板

**注意**

运行程序或按住 < shift > 键双击主界面所有"显示"图标，使"学院概述"流程线显示图标内容显示在演示窗口中，单击主界面"学院概述"文字，则"学院概述"文字成为对象，如图 6-46 左侧浏览区显示。

**信息卡**

"匹配"下拉列表框：可设置与热区响应匹配的鼠标动作，分别是单击、双击、指针在对象。

"匹配时加亮"复选框：设置动作与热区匹配时是否以高亮显示，松开鼠标后热区状态复原。

"快捷键"文本框：输入与此热区响应对应的快捷。

单击"鼠标"右侧的按钮，在对话框中可选择动作与热区匹配时鼠标的指针形状。

双击"学院概述"群组图标，进入其层 3 流程线窗口，分别设置"学院概述背景"、"学院概述文字"、"学院概述内容"、"返回"显示图标的内容，如图6-27所示。单击"返回"交互方式按钮，打开"属性：交互图标"面板，设置如图6-47所示。

图 6-47　"返回"交互图标的属性面板

**注意**

双击"学院概述"流程线上"显示"图标，打开"演示窗口"，再双击"返回"交互图标，出现热区，用鼠标将热区移至"返回"文字上。若热区大小不匹配，可以通过拖动热区的调节方块进行调整。

**信息卡**

同"显示"图标一样，双击"交互"图标便可进入"演示窗口"，在窗口中可以插入图片和文本，也可以利用绘图工具箱的各种绘图工具来制作各种图形。"交互"图标的属性面板也和"显示"图标类似。

双击"返回"群组图标，进入其层 4 流程线窗口。设置"擦除"擦除图标的属性，如图 6-48 所示。双击"返回"计算图标，弹出"返回"计算窗口，输入函数及参数，如图 6-49 所示。

图 6-48　"擦除"擦除图标的属性面板

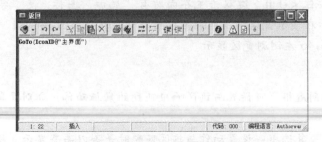

图 6-49　"返回"计算窗口

### 信息卡

在计算窗口中可以直接输入表达式，也可选择工具栏上的"函数"按钮 ，在弹出的如图6-50所示的"函数"对话框中进行选择，双击后该函数出现在计算窗口中。

双击"退出"群组图标进入"退出"的层3流程线窗口。单击"擦除主界面"擦除图标，设置"擦除"图标属性，擦除主界面所有显示内容，如图6-51所示。

图 6-50 "函数"对话框

图 6-51 "擦除主界面"擦除图标的属性按钮

其余主界面模块"校园掠影"、"师资队伍"、"专业建设"等部分的图标设置同上，效果参照图6-28 ~ 图6-30 所示。

**步骤4** 片尾模块图标设置。双击主流程线上片尾"群组"图标，进入"片尾"的层2窗口。双击"片尾背景"图标，导入片尾背景，"等待响应"图标设置与图6-45相同，"退出程序"计算图标设置如图 6-52 所示。

图 6-52 "退出程序"计算窗口

## 子任务 5    测试程序的功能与性能

Authorware 程序的调试与修改非常方便，程序编辑完成以后，可以打开"调试"菜单，选择"运行"命令、"停止运行"命令或"单步跟踪"命令来运行、停止或单步运行程序。

当编辑的程序很长时，如果全部在一起调试，则会增加查错、排错的难度，而如果将程序分成几个部分调试，就会方便许多。在 Authorware 的图标工具栏下方，有两个旗状的图标，白色的图标为"开始旗"标记，黑色的图标为"结束旗"标记。将"开始旗"图标拖放至部分程序的起始处，再将"结束旗"图标拖放至部分程序的终止处。在设置完部分程序的起点和终点后，打开"调试"菜单，选择"从标记旗处运行"命令，即可开始运行调试部分程序。

程序调试运行中想修改某对象，只需双击该对象，系统立即暂停程序运行，自动打开编辑窗口并给出该对象的设置和编辑工具，修改完毕后关闭编辑窗口可继续运行。

尽管在设计过程中进行了一次次的简单调试和阶段调试，但是当详细流程设计完成后，还要进行总调试，检查软件的整体运行情况及功能实现情况，并要据此对流程做相应的调整修改。在此调整修改过程中需再进行简单调试和阶段调试，然后进行总体调试，循环往复直至课件成功运行，并达到满意的设计效果。

## 子任务6 打包、发布、生成产品

 **知识导读**

到目前为止，所建立的文件都是一种可编辑的程序，这样的作品当然不可能在市场上发行。否则，只要用户手中拥有 Authorware 软件，就可以随意打开原程序进行浏览、模仿或复制。另外，如果作品只是一个 .a7p 的文件，在市场上也不可能畅销，因为要想使用它，用户必须拥有一套 Authorware 软件。

为了解决这个问题，Macromedia 公司提供了文件打包功能。将文件打包后，作品就可以生成一个可执行的文件，该文件将脱离 Authorware 应用程序，在大多数的操作系统下可正常运行。另外，它也成功地解决了软件的保密问题，因为从这种文件中不可能看到程序的源代码，也就无法进行仿制和利用，这样便加强了文件的保密性能。

下面就把测试成功的"单位简介 . a7p"文件打包成一个名为"单位简介"的可执行文件。

### 步骤：

**步骤1** 选择菜单栏中的"文件"→"发布"→"发布设置"命令，弹出"一键发布"对话框，按图 6-53 所示进行发布设置。

**信息卡**

勾选"集成为支持 Windows 98，ME，NT，2000 或 XP 的 Runtime 文件"复选框，则会把 RunA7W 文件内置在打包后的文件中，这样的文件就是可执行文件，它可独立运行于 Windows 2000、Windows XP 或 NT 系统下。

图 6-53 "一键发布"对话框

勾选"复制支持文件"复选框，则会将所有与当前应用程序有链接关系的库文件同时打包，这样生成的可执行文件在运行时将不再需要 Authorware 提供的库文件。

**步骤2** 单击"发布"按钮，弹出发布进程提示。发布结束后弹出发布完成提示框，如图 6-54 所示。

**步骤3** 单击"确定"按钮，发布成功。按照"发布设置"的保存位置查看该文件，如图 6-55 所示，双击"单位简介"文件即可。

图 6-54 发布完成提示框

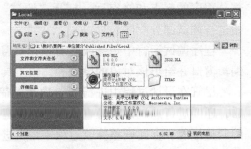

图6-55 发布生成文件窗口

# 任务3 学会制作教学课件

## 子任务1 选定教学内容、确定课件思路

 **知识导读**

随着现代教育媒体的发展，多媒体课件因增加课堂知识容量、应用影音媒体使课堂丰富多彩、能有效解决教学难点等优点而广泛应用于课堂，优化了课堂教学内容，提高了教学质量。

本任务选取"C语言程序设计——排序"这一教学内容来制作教学课件，遵循教学课件内容的选择原则，并能使其充分发挥教学课件优点。

本软件首先通过视频动画制作软件得到"片头"、"程序思想"和"程序解析"等视频动画文件作为素材。软件运行后出现如图6-56所示的片头动画，同时伴随背景音乐。单击鼠标或按任意键则进入如图6-57所示的课程内容选择主界面，背景音乐停止。主界面有"冒泡排序"、"选择排序"、"后退"、"前进"、"返回"、"退出"文字链接可分别实现进行冒泡排序内容介绍、选择排序内容介绍、后退到片头、进入下一界面、返回到片头、退出软件等功能。在冒泡排序内容介绍中，界面如图6-58所示，左侧分别是"引入问题"、"排序思想"、"程序解析"、"问题推广"、"课后练习"5个文字链接，单击可进入相应教学环节，如图6-59~图6-63所示，左下角还有一个"回目录"按钮，单击会回到主界面。

图6-56 片头动画

图6-57 主界面

图6-58 "冒泡排序"界面

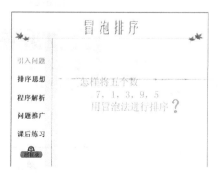

图6-59 "引入问题"界面

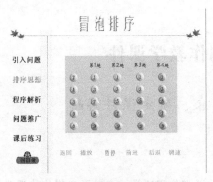

图 6-60 "排序思想"界面

图 6-61 "程序解析"界面

图 6-62 "问题推广"界面

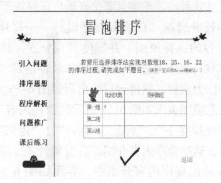

图 6-63 "课后练习"界面

## 子任务2 完成理论教学环节

**步骤:**

**步骤1** 新建文件,并设置文件属性,如图 6-64 所示。

**步骤2** 设计主流程线,如图 6-65 所示。

图 6-64 "属性:文件"面板

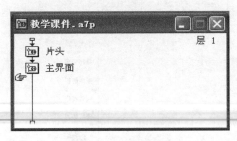

图 6-65 主流程线

步骤3 设计"片头"的层2流程线，并依次设置"背景音乐"声音图标、"片头动画"视频图标、"进入主界面"等待图标、"擦除片头"擦除图标、"背景音乐停止"计算图标，如图6-66所示。

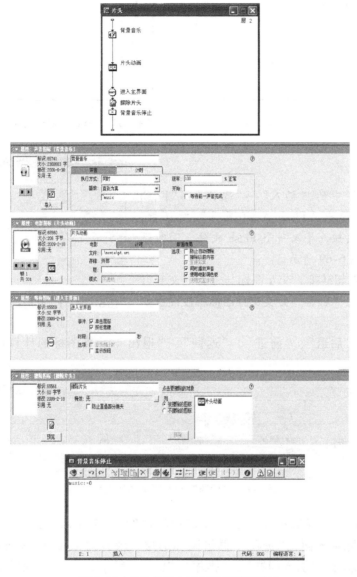

图6-66 片头的层2流程线及图标设置

这里的背景音乐的控制是通过"music"变量来完成的，当变量music为假时，音乐停止。

步骤4 设计"主界面"的层2流程线，如图6-67所示。双击"背景"群组图标，其层3流程线如图6-68所示，并设置其图标内容和属性。

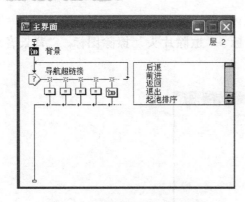

图 6-67  "主界面"的层 2 流程线

图 6-68  "背景"群组图标的层 3 流程线

**注意**

选择菜单栏中的"插入"→"媒体"→"Flash Movie"命令，弹出"Flash Asset 属性"对话框，单击"浏览"按钮，导入一个 Flash 文件，同时设置其属性，如图 6-69 所示。

设置"导航超链接"交互图标与分支的交互方式为"热对象"，"后退"分支交互图标属性设置如图 6-70 所示。

图 6-69  "Flash Asset 属性"对话框

交互分支"后退"、"前进"、"返回"、"退出"计算图标的计算窗口如图 6-71 所示。

图 6-70  "后退"交互图标的属性面板

**步骤 5**  设计"冒泡排序"的层 3 流程线如图 6-72 所示。设置"擦除主界面"擦除图标来擦除主界面，"选项"群组图标的层 4 流程线如图 6-73 所示，分别显示"冒泡排序"标题、"引入问题"、"排序思想"、"程序解析"、"问题推广"、"课后练习"文字。

拖动 4 个"群组"图标和 1 个"计算"图标到"菜单"交互图标右侧，交互方式为"热区域"，分别用来链接到"引入问题"、"排序思想"、"程序解析"、"问题推广"、"课后练习"等教学环节界面和返回到主界面。

**步骤 6**  双击"实例"群组图标，设计"实例"的层 4 流程线如图 6-74 所示。设置"实例"、"题目"、"单击返回"、"求命者"图标，完成"引入问题"理论教学环节，实现效果如图 6-59 所示。

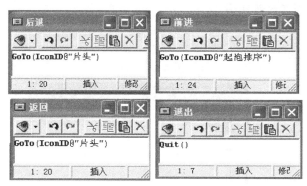

图 6-71 "计算"图标的计算窗口

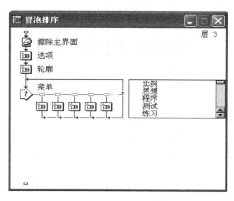

图 6-72 "冒泡排序"层 3 流程线

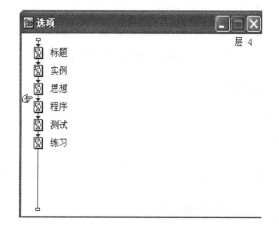

图 6-73 "选项"层 4 流程线

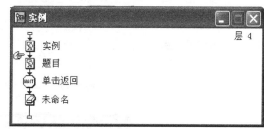

图 6-74 "实例"群组图标的层 4 流程线

## 子任务3  完成实践教学环节

**步骤：**

**步骤 1**  双击"思想"群组图标，设计其层 4 流程线，如图 6-75 所示。设置连续 6 个"显示"图标来完成"排序思想"教学环节的显示内容，效果如图 6-60 所示。

该教学环节中表现排序思想的是一个视频文件，"控制视频文件"框架图标用来实现对该视频文件的播放、前进、后退、调速、返回等控制。

**步骤 2**  双击"视频文件"群组图标，设计其层 5 流程线，如图 6-76 所示。导入视频文件，设置"avi"电影图标属性，如图 6-77 所示。

**步骤 3**  双击"控制视频文件"框架图标进行设计，其流程线如图 6-78 所示。

**信息卡**

"框架"图标窗口共分为两部分，上面部分是程序的输入窗口，下面部分是程序的输出窗口。当程序一进入"框架"图标，首先执行输入窗口中的内容；当程序退出时，它将执行输出窗口中的内容。也可以在输入窗口和输出窗口的流程线上添加其他的图标，甚至可以将原有的图标全部删除掉，然后将其改头换面。

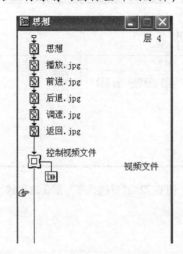

图 6-75 "思想"群组图标的层 4 流程线

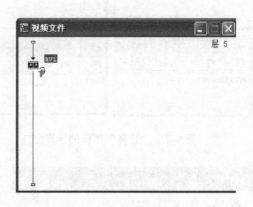

图 6-76 "视频文件"群组图标的层 5 流程线

图 6-77 "avi"电影图标的属性面板

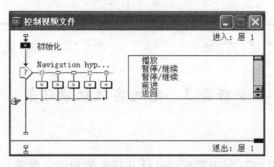

图 6-78 "控制视频文件"框架图标的流程线

**步骤 4** 设置"控制视频文件"框架图标窗口内的"计算"图标，内容如图 6-79 所示。

"程序解析"教学环节的效果如图 6-61 所示，其设计步骤同上，不再赘述。

## 子任务 4 完成练习教学环节

### 步骤：

**步骤 1** 双击"测试"群组图标，设计其层 4 流程线，如图 6-80 所示。

**步骤 2** 双击"判断答案"群组图标，设计其层 5 流程线，如图 6-81 所示。

**步骤 3** 完成"问题推广"教学环节显示内容，效果如图 6-62 所示。

194

图 6-79 "计算"图标的计算窗口

图 6-80 "测试"群组图标的层 4 流程线

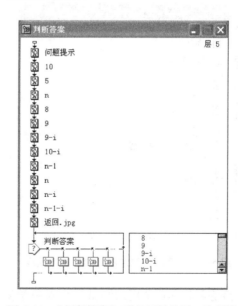

图 6-81 "判断答案"群组图标的层 5 流程线

设置"判断答案"交互图标与分支的交互方式为"目标区域",右侧的群组图标分支不用设计任何内容。

该练习教学环节用来测试学生对所学知识的掌握情况,拖动选项到问题处(设置的目标区域),选项正确则在目标区域放下,表示答案正确;选项错误则自动返回,表示答案错误。

例如，"8"为错误答案，拖动后自动返回；"9"为正确答案，拖动后不返回而在问题处放下，两个交互图标设置如图6-82所示。

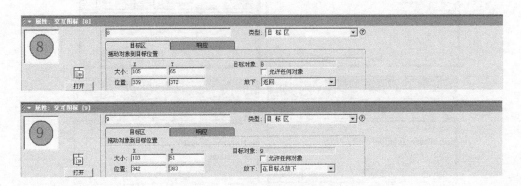

图6-82　交互图标的属性面板

**步骤4**　完成"课后练习"教学环节显示内容，效果如图6-83所示。"练习"群组图标的层4流程线如图6-83所示，设计步骤同上，不再赘述。

**步骤5**　双击"第一趟"群组图标，设计其层5流程线，如图6-84所示。设置"第一趟"交互图标与分支的交互方式为"文本输入"。

图6-83　"练习"群组图标的层4流程线

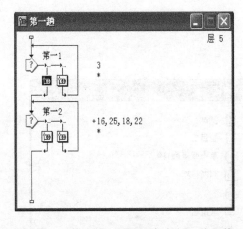

图6-84　"第一趟"群组图标的层5流程线

该练习教学环节用来测试学生对所学知识的掌握情况，输入答案到问题处（设置的文本输入位置），输入正确则有正确的提示；输入错误则有错误的提示。

例如，输入"3"为正确答案，显示"√"；输入其他数字为错误答案，显示"×"并提示正确答案，信息提示分别由右侧的"3"、" * "群组图标分支来完成，两个交互图标设置如图6-85所示。

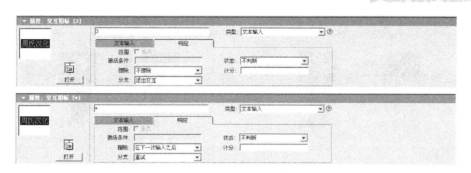

图 6-85　交互图标的属性面板

# 任务4　学会制作电子图书

## 子任务1　选定图书内容、设计故事环节

**知识导读**

电子图书是把多媒体信息经过精心组织、编辑并存储在光盘上的一种供阅读和学习使用的电子工具。它以其存储容量大、媒体种类多、运输与携带方便、检索迅速、可长期保存、价格低廉等优点被越来越多的读者所认可。

本案例是制作一个少儿故事类的电子图书，它既吸收了画报的图画及文字特点，又吸收了动画片的动作效果，更主要的是增加了交互性，使少儿可以参与到故事中来，有如身临其境的感觉，通过发现来阅读和学习。

所选取的故事是《庖丁解牛》。首先通过图形图像、动画、视频制作软件得到相关故事图片、主界面动画、片头等图形、动画、视频文件作为素材。软件运行后，出现如图6-86所示的片头，单击鼠标或按任意键则进入图6-87所示的故事环节选择主界面，主界面有"看图识字"、"故事情节"、"知识问答"文字链接，可分别实现进入看图识字、故事情节介绍、知识问答3个环节，如图6-88~图6-95所示。另外本软件有菜单栏，可随时通过"文件"→"退出"命令退出本软件。

图 6-86　片头界面

图 6-87　主界面

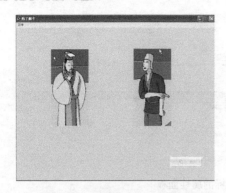

图 6-88 "看图识字"环节界面

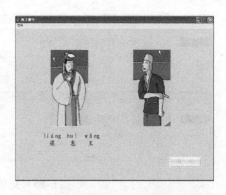

图 6-89 鼠标经过"梁惠王"图片

图 6-90 故事情节 1

图 6-91 故事情节 2

图 6-92 故事情节 3

图 6-93 故事情节 4

图 6-94 知识问答界面

图 6-95 选择"B"的画面

## 子任务 2　制作故事人物介绍

**步骤:**

**步骤 1**　新建文件，并设置文件属性，如图 6-96 所示。

图 6-96　"属性：文件"面板

**注意**

勾选"显示菜单栏"复选框，则软件有菜单栏，并生成"文件"→"退出"菜单。软件运行中，可随时通过"文件"→"退出"命令退出。

**步骤 2**　设计主流程线，如图 6-97 所示。

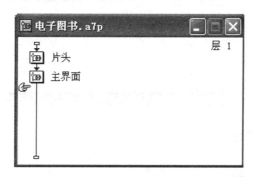

图 6-97　主流程线

**步骤 3**　设计"片头"的层 2 流程线，并依次设置"片头视频"视频图标、"进入主界面"等待图标、"擦除片头"擦除图标，如图 6-98 所示。

**步骤 4**　设计"主界面"的层 2 流程线，如图 6-99 所示。其中，"看图识字"、"故事情节"、"知识问答"显示图标分别来显示"看图识字"、"故事情节"、"知识问答"文字。

**注意**

由于"看图识字"、"故事情节"、"知识问答"文字将分别作为"交互操作"交互图标的 3 个分支的交互对象，所以需分别放在独立的显示图标中。

设置"交互操作"交互图标与分支的交互方式为"热对象"，"看图识字"分支交互图标属性设置如图 6-100 所示。

**步骤 5**　设计"看图识字"的层 3 流程线，如图 6-101 所示。设置"擦除主界面"擦除图标来擦除主界面，"看图识字背景"、"人物一"、"人物二"显示图标分别来显示"返回"图片、"梁惠王"图片、"庖丁"图片。

设置"识字"交互图标与分支的交互方式为"热对象"，"识字"分支交互图标属性

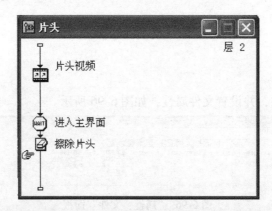

图 6-98　片头的层 2 流程线及图标设置

设置如图 6-102 所示。匹配方式为"指针在对象上"，则当鼠标移动到该图片，则产生分支内容。

　　双击"梁惠王"、"庖丁"显示图标，分别设置"梁惠王"、"庖丁"文字和拼音提示。

**注意**

　　"梁惠王"、"庖丁"汉字的拼音"liang hui wang"、"pao ding"须让先点"软键盘"按钮，选择"拼音"软键盘可得。

　　双击"返回"计算图标，设置内容如图 6-103 所示。

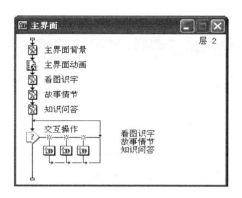

图 6-99　"主界面"的层 2 流程线

图 6-100　"看图识字"交互图标的属性面板

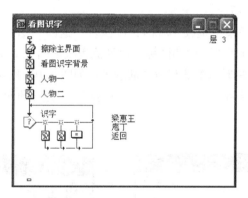

图 6-101　"看图识字"的层 3 流程线

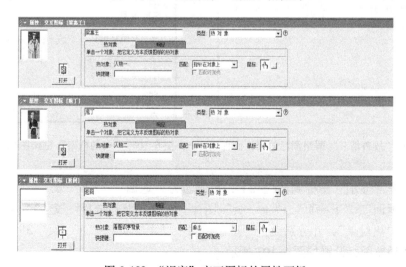

图 6-102　"识字"交互图标的属性面板

图 6-103 "返回"计算图标的计算窗口

# 子任务 3 制作故事内容介绍

### 步骤：

**步骤 1** 双击"故事情节"群组图标，设计其层 3 流程线如图 6-104 所示。设置"擦除主界面"擦除图标来擦除主界面；拖动 1 个"框架"图标到流程线上，并重命名为"书的框架"；拖动 4 个"显示"图标到右侧分别来显示"庖丁解牛"故事中的情节 1 ~ 4，效果如图 6-90 ~ 图 6-93 所示。

当程序退出"书的框架"框架图标时，则执行"返回"图标，设置如图 6-103 所示。

**步骤 2** 双击"书的框架"框架图标，设计流程线如图 6-105 所示。

"书的框架"框架图标默认的流程线与演示窗口如图 6-106 所示，删除图中"灰色导航面板"显示图标以及"返回"、"最近页"、"查找"、"退出框架"、"第一页"5 个显示分支。

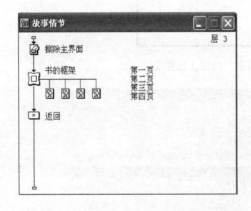

图 6-104 "故事情节"群组图标的层 3 流程线

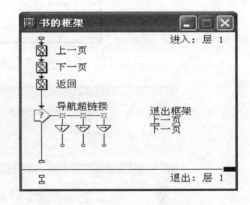

图 6-105 "书的框架"框架图标的流程线

拖动 3 个"显示"图标到流程线上，重命名为"返回"、"下一页"、"上一页"，并分别导入"返回"、"下一页"、"上一页"图片。将"导航超链接"交互图标与分支的交互方式改为"热对象"，并分别设置"退出框架"、"上一页"、"下一页"3 个分支的热对象。分支的导航图标设置如图 6-107 所示。

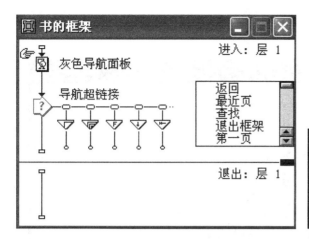
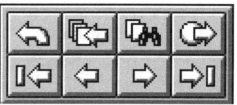

图 6-106　框架图标的流程线与演示窗口

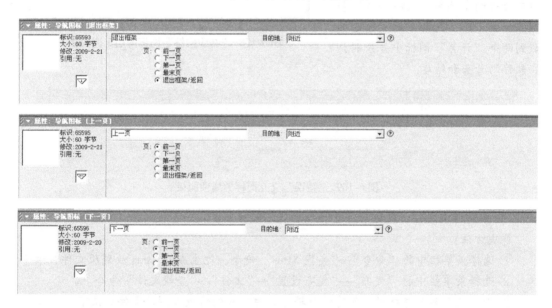

图 6-107　导航图标的属性面板

## 子任务4　制作故事情节提问

**步骤1**　设计"知识问答"图标的层 3 流程线，如图 6-108 所示。设置"擦除主界面"擦除图标来擦除主界面，"看图识字背景"、"问题"、"A 选项"、"B 选项"显示图标分别来显示"返回"图片、问题、A 选项、B 选项内容。

**步骤2**　设置"选择题"交互图标与分支的交互方式为"热对象"，"错误"分支交互图标属性设置如图 6-109 所示。

**步骤3**　双击"错误"、"正确"显示图标，分别输入"错误、再想想！"、"正确，宝贝儿真聪明！"文字提示，效果如图 6-95 所示。

双击"返回"计算图标，设置计算窗口内容如图 6-103 所示。

**信息卡**

1）如何覆盖演示窗口外的桌面部分？

导入外部函数 cover. u32。在"函数"对话框的"种类"下拉列表中选择当前的文件，单击"加载"按钮。弹出"加载函数"对话框，选择要加载的外部函数，这里选"cover. u32"，再单击"打开"按钮。在弹出的对话框的"名称"项下面显示的是"cover. u32"所包含的两个函数"cover（）"和"Uncover（）"，把两个函数分别加载到两个"计算"图标中并分别放在软件的开头和结尾。

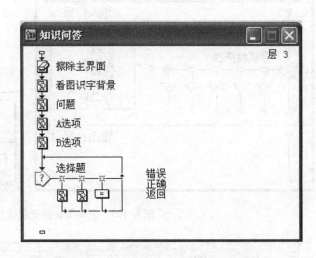

图 6-108　"知识问答"图标的层 3 流程线

图 6-109　"错误"交互图标的属性面板

2）如何解决文件打包之后有些特效功能不能显示？

解决方法：

① 选择菜单栏中的"命令"→"查找 Xtras"命令，把生成的 Xtras 放到原文件目录下。

② 选择菜单栏中的"发布"→"发布设置"→"文件"→"查找文件"命令。

③ 选中应用某个特效时，都有特效提示，把对应的特效考到原文件目录下。

3）如何使刻录到光盘上的多媒体软件具有自动播放功能？

创建一个文本文件命名为 Autorun. inf，并输入如下内容：

［autorun］

OPEN＝想自动运行的文件名 . exe

ICON＝图标名 . ICO

保存文件到光盘根目录下即可。

# 学 材 小 结

本模块是本书中综合性比较强的内容。学生通过对本模块的学习，应初步理解 Authorware 采用面向对象的设计思想；学会使用图标（Icon）和流程线（Line）将多媒体素材按照作品设计方案进行集成和组织的操作；学会使用 Authorware 7.0 制作小型多媒体综合作品，如教学软件和电子图书等。

**理论知识**

1. Authorware 提供了_____种交互方式。

2. _____图标是用来放置文字和图形的地方，_____图标是用来放置变量与函数的地方。

3. 在制作 Authorware 文件时，为了使多媒体播放过程中能够出现暂停，可以用_____图标来实现。

4. _____图标的功能和使用方法有所不同，从意义上来说，它没有执行任何内容，只是提供了放置其他图标的一个容器。

5. "框架"图标的基本功能是建立包括框架分支和框架循环的内容，它由_____图标、_____图标、_____图标组成。

6. 当需要设置下拉菜单时，位于菜单栏中菜单项的名称需要在下拉菜单响应对话框中"菜单"选项卡的_____框设置。

7. 在"属性：声音图标"对话框中的"执行方式"下拉列表中有_____、_____、_____3 个选项。

8. 用鼠标双击"判断"图标，可以打开"判断"图标的属性面板，在其中可以设置_____、_____、_____等选项。

9. 如果在"属性：擦除图标"面板中选中_____复选框，则相邻擦除图标在擦除对象时，将会按擦除图标的先后顺序逐个擦除。

10. 有两个选项用于设置移动对象在演示窗口中的运动速度，这两个选项是_____和_____。

11. _____图标用于在演示多媒体应用程序过程中引入视频信息，然后在视频播放机上播放，使演示过程更加生动有趣。

12. _____、_____主要用来调试程序，可以用来指定调试程序开始、结束的位置，以利于单独高度某一程序段。

13. 在 Authorware 中，要同时打开多个图标，必须按_____键。

**实训任务**

单选题的制作。

【实训目的】

掌握"交互"图标的多种交互类型、自定义按钮、变量的使用。

【实训内容】

本实训通过单选题的制作来学习 Authorware 的几种重要的交互功能，运行界面及程序设计窗口如图 6-110 所示。填写完成下面的实训任务步骤。

【实训步骤】

**步骤 1** 向设计窗口中拖入一个_____图标，命名为"choice"

**步骤 2** 双击该图标，打开其_____，在其中输入选择题内容。

**步骤 3** 向该图标的右侧拖入_____图标，这时弹出"响应类型"对话框。其中有 11 种交互响应类型，默认类型为_____，这里取默认值。然后将其命名为"A"。

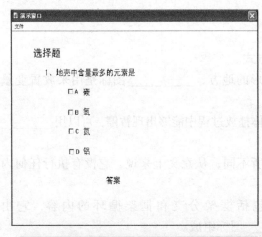
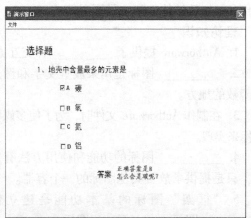
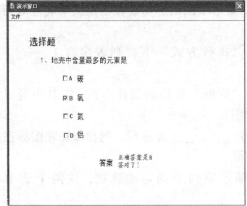
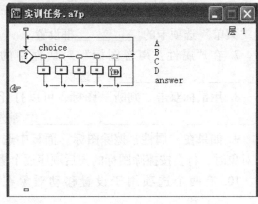

图 6-110　演示窗口和设计窗口

　　**步骤 4**　双击"A"图标上面的小矩形按钮，打开＿＿＿＿＿＿。

　　**步骤 5**　单击左下角的"按钮"按钮，可对按钮类型进行详细的设置，如图 6-111 所示。本例选用＿＿＿＿＿类型的按钮。

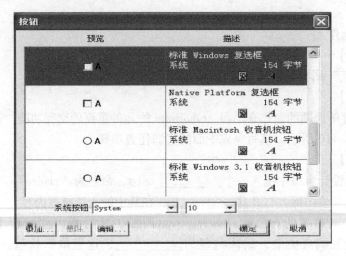

图 6-111　"按钮"对话框

**步骤6** 单击_____中"鼠标"右边的按钮，可以设置鼠标移过按钮时的形状。本例选择手形。

**步骤7** 再拖3个"计算"图标和1个"群组"图标到图标"A"的右边，分别命名为"B"、"C"、"D"和"answer"。这时不再弹出_____，而是自动将交互类型设为与前一个图标相同。

**步骤8** 打开计算图标"A"的计算窗口，输入如图6-112所示内容。系统变量"Checked@"A"：=1"意思是设按钮"A"为按下状态，"Checked@"B"：=0"意思是设按钮"B"为_____状态。自定义变量"myanswer"是对用户的选择进行判断，选择A，该变量值为"怎么会是碳呢?"，这是动态出错提示信息，可以使用户知道错误的原因。

**步骤9** 关闭"A"设计窗口，确认输入后，弹出_____。"初值"是初始值，"描述"是对该变量进行说明，可以不写。初始值设为"你还没选呢!"是当用户没有按任何选项时，提示用户。

**步骤10** 同样对图标"B"、"C"、"D"进行类似的输入，如图6-113所示。

图6-112 "A"的计算窗口

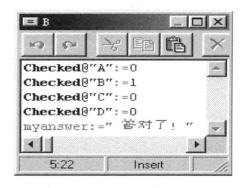

图6-113 "B"的计算窗口

**步骤11** 双击"answer"图标上面的交互类型按钮，打开_____。在"类型"下拉列表中，将其响应类型改为"热区"。设计窗口中出现热区位置，将其拖拽并调整大小和位置使得当用户点击这个区域时，将执行"answer"图标中的内容。

**步骤12** "answer"图标中的内容中将用户选择的答案显示出来并做判断。向其中拖入1个_____和1个_____，并命名"Judge"、"Display Answer"。

"Judge"图标中语句为：

if（Checked@"A"=0 & Checked@"B"=1 & Checked@"C"=0 & Checked@"D"=0）then answer：=""

自定义变量"answer"中的内容是标准答案，其初始值为"正确答案是B"。

"Display Answer"图标中输入文字如下图。变量用大括号括起来，实际显示的是变量的值。

{answer}
{myanswer}

# 拓 展 练 习

制作一本电子版毕业班学生纪念册。

# 参 考 文 献

[1] 傅德荣. 多媒体技术及其教育应用 [M]. 北京：高等教育出版社，2003.

[2] 游泽清，王志军，吴晓荣，等. 多媒体技术及应用 [M]. 北京：高等教育出版社，2003.

[3] 高林，周海燕. 多媒体计算机技术基础及应用 [M]. 北京：人民邮电出版社，2004.

[4] 孙杰. 流媒体技术浅析 [J]. 科教文汇，2007，4（2）：192.

[5] 周碧英. 多媒体数据压缩技术 [J]. 电脑知识与技术，2008，4：332-333.

[6] 孟铂，樊新华. 浅析多媒体数据压缩技术 [J]. 电脑知识与技术，2006，4：129.

[7] 朱耀庭，穆强. 数字化多媒体技术与应用 [M]. 北京：电子工业出版社，2006.

[8] 钟华. Premiere Pro 标准教程 [M]. 北京：中国宇航出版社，2004.

[9] 李振亭，马明山. 现代教育技术 [M]. 北京：高等教育出版社，2008.

[10] 钟玉琢，冼伟铨. 多媒体技术基础及应用 [M]. 北京：清华大学出版社，2004.

[11] 王诚君. Dreamweaver 8 网页设计应用教程 [M]. 北京：清华大学出版社，2007.

[12] 张继光，季晓，张玉龙，等. Dreamweaver 8 中文版从入门到精通 [M]. 北京：人民邮电出版社，2006.

[13] 杨聪，韩小祥，周国辉. Dreamweaver 8 网页设计案例实训教程 [M]. 北京：北京科海电子出版社，2009.

[14] 万华明，雷鸽，涂晶洁. 多媒体技术实验教程 [M]. 北京：科学出版社，2003.

[15] 钟玉琢，沈洪，冼伟铨，等. 多媒体技术基础及应用 [M]. 2 版. 北京：清华大学出版社，2008.

[16] 刘劲鸥. Dreamweaver CS3 中文版实用教程 [M]. 上海：上海科学普及出版社，2009.

[17] 吴教育，等. Dreamweaver CS3 中文版实例教程 [M]. 北京：人民邮电出版社，2008.

[18] 周峰，王征. Dreamweaver CS3 中文版经典实例教程 [M]. 北京：电子工业出版社，2009.